Düngerbuch
für bayerische Landwirte

Gemeinverständlich bearbeitet
von
Georg Bayer
Landwirtschaftsrat in München

Zweite, erweiterte Auflage
50.—60. Tausend

Verlag von R. Oldenbourg in München

Torfstreu=Merkblatt!

Bei Verwendung von Torfstreu im landwirtschaftlichen Betrieb ist das Folgende zu beachten:

I. Zweck.

Zweck jeder Einstreu in den Ställen ist, den landwirtschaftlichen Nutztieren aller Art ein **weiches** und im Winter zugleich **warmes** Lager zu bieten, das möglichst lange **trocken** bleibt.

Dieser Zweck wird durch **gute** und **richtig verwendete Torfstreu** mindestens ebenso sicher, vielfach noch wirksamer erreicht wie durch Verwendung von Streustroh oder gar anderen Ersatzmitteln, z. B. die verschiedenen Arten von Waldstreu. Gute Torfstreu besteht aus wenig zersetztem, getrocknetem und zerkleinertem Faserstoff, der gewöhnlich in gepreßten Ballen zum Versand kommt. Es ist dies meistens der leichte, obere, wurzelfreie Torf.

Gute **Torfstreu** ist in besonderem Maße weich und bietet den landwirtschaftlichen Nutztieren daher ein gutes Lager, auf dem sie besser ruhen wie auf irgendeiner anderen Streu.

Die **Torfstreu** ist ferner sehr locker und leitet die Wärme nicht weiter, so daß die Tiere auf ihr in der kalten Jahreszeit warm liegen, was eine Ersparnis an Futter und besseres Gedeihen zur Folge hat und daher besonders für junge und empfindliche Tiere sehr hoch anzuschlagen ist.

Die **Torfstreu** kann das 6—12 fache ihres eigenen Gewichtes, jedenfalls ein Mehrfaches wie die Strohstreu an Flüssigkeiten (Harn, nassem Kot) aufsaugen und gewährleistet daher ein **trockenes** Lager.

Gerade diese Fähigkeit einer guten Torfstreu wird auch vom besten Streustroh oder gar von Waldstreu nicht annähernd erreicht und macht die Torfstreu besonders schätzenswert.

Die **Torfstreu** beseitigt auch großenteils die Feuchtigkeit der Stalluft; ebenso werden die stechenden, stickstoffhaltigen und gesundheitsschädlichen Gase und Gerüche aufgesaugt und für die Felderdüngung erhalten.

Die **Torfstreu** hemmt die Entwicklung schädlicher Krankheitserreger, beschleunigt wesentlich den Heilprozeß bei kranken Tieren, z. B. bei der gefürchteten Maul- und Klauenseuche. Die **Klauenseuche** tritt bei Torfstreuverwendung seltener und mindestens viel harmloser auf wie bei anderer Streu. Diese günstige Wirkung der Torfstreu ist hundertfach erprobt und bestätigt.

Torfstreu verhindert, richtig angewendet, Strahlfäule bei Pferden, wirkt günstig auf Hufe, Klauen und Gelenke, schont sie und bewirkt ein besseres Ausruhen der Tiere. Auf Torfstreu legen sich besonders ältere und überanstrengte Pferde lieber nieder wie auf anderer Streu. Man hat schon häufig beobachten können, daß Pferde, die sich aus Furcht vor dem Ausrutschen beim Wiederaufstehen auf Strohstreu überhaupt nicht mehr niederlegten, sich bei Torfstreu bald wieder daran gewöhnten und damit noch länger gebrauchsfähig blieben.

Torfstreu ist auch im **Schweinestall** sehr gut zu gebrauchen, wenn den Tieren täglich auch nur kurze Zeit Gelegenheit gegeben wird, ihr Bedürfnis nach erdigen Stoffen in einem Auslauf zu befriedigen oder ihnen Erde, Asche oder Kohlen in den Buchten vorgelegt wird.

II. Art der Verwendung.

Soll die Torfstreu ihre vorzüglichen Eigenschaften voll zur Auswirkung bringen, so ist es unbedingt erforderlich, daß ihre Verwendung auch mit Verständnis gehandhabt wird.

Torfstreu darf nicht wie Strohstreu in dünner Schicht den Tieren untergebreitet werden. Sie kann so ihren Zweck nur mangelhaft erfüllen, weil die unvollkommen zerkleinerten Torfstreustücke besonders durch die Hinterfüße der angebundenen Tiere zu stark zerstampft und kreisförmig auseinander geschoben werden. Das Lager verschlammt dann und es entstehen aus Kot, Jauche und feinen Torfteilen sehr unangenehme Pfützen, die man fortwährend beseitigen muß. Es werden dann vielfach immer wieder kleine Mengen nachgestreut, aber das Übel wird nicht behoben, die Tiere verunreinigen sich stark. Außerdem wird durch das häufige Nachbreiten viel Staub aufgewirbelt, was im Pferdestall das Haar der Tiere beschmutzt, im Kuhstall noch dazu eine reinliche Milchgewinnung erschwert, in allen Fällen aber die Atmungsorgane des Stallpersonals und der Tiere belästigt.

Diese Art der Torfstreuverwendung, die keineswegs sparsam ist, wie es scheinen möchte, ist **unzweckmäßig.** Es muß dringend empfohlen werden, sämtlichen Tieren ein Lager herzurichten, das **lose ungefähr 20 cm, noch besser 30 cm hoch** ist, also eine Art **Matratze** zu schaffen. Es ist dann nicht mehr notwendig, daß die Torfstreustücke noch weiter zerkleinert werden, weil ein so hergestelltes Lager außerordentlich locker und nachgiebig ist.

Es werden dann täglich ein- bis zweimal hinten die Kotmengen und feuchten Stellen des Torfstreulagers entfernt und vom vorderen Teil der Matratze trockene Streumengen zurückgezogen. Dafür wird das vorne Weggebrachte durch frische Torfstreu alle paar Tage ergänzt.

Man kann auch **hinten am Lager** der Tiere **Querhölzer,** die aus Rundholz bestehen können und ungefähr 15—20 cm stark sein sollen, befestigen und erleichtert so das Zusammenhalten der etwas kurzen und lockeren Torfstreu. Unbedingt notwendig ist dies aber nicht.

Auch den **Schweinen** muß man eine gleich **hohe,** mit **Torfstreu aufgefüllte Lagerstätte** herrichten. Hier ist das Abtrennen des **hinteren** Buchtenteils mit einem **Querbalken** sehr zu empfehlen. Der **vordere Teil** der Bucht vor der Türe und den Futtertrögen **bleibt dann frei** von Streu. Die Schweine gewöhnen sich bald an größte Reinlichkeit und setzen ihre Auswurfstoffe bei der Türe ab, wo sie leicht entfernt werden können.

III. Düngerwert.

Torfstreumist ist in seiner **Düngerwirkung** dem besten Strohmist meist weit überlegen, weil der **wertvolle Stickstoff** von der Torfstreu viel besser zurückgehalten wird wie von anderen Streuarten. Die Düngermenge ist allerdings anscheinend geringer. Es sieht aber nur der Düngerhaufen kleiner aus, in seinem Gewicht und in seiner Nährstoffmenge an düngenden Stoffen steht er dem Strohmisthaufen meist nicht nach, übertrifft ihn hierin vielmehr in der Regel. Der kleinere Düngerhaufen wird aber dadurch wieder reichlich ausgeglichen, daß man auf die gleiche Fläche weniger Fuhren Torfmist zu breiten braucht wie bei Strohmist und doch die gleich günstige Wirkung erzielt.

Torfstreumist kann, wenn mit Verständnis und Sorgfalt vorgegangen wird, auch leicht viel sparsamer und **dünner gebreitet** werden, weil er viel weniger zusammenballt. Seine gleichmäßige Verteilung und Vermengung mit jeder Art von Ackerboden ist leichter als beim Strohmist zu erreichen. Für sandige Ackerböden sowie für Wiesen und Weiden ist Torfstreumist von besonders vorzüglicher Wirkung.

Schließlich kann, wo dies die Verhältnisse gestatten, **über die Torfstreumatratze** noch **etwas Stroh** oder sonstige Streu in geringen Mengen gebreitet werden. Dies ist besonders bei Milchvieh zu empfehlen.

Torfstreu ermöglicht die Verwendung der ganzen **Strohvorräte** zu **Futterzwecken**, was für Zeiten der **Futterknappheit** und **Futternot** von höchster Bedeutung ist, schafft hochwertigen, besonders **stickstoffreichen Stalldünger** und fördert das **Wohlbefinden** und Gedeihen der **Tiere**, ist also in ihrer Verwendung **durchaus wirtschaftlich** und zu empfehlen.

IV. Kosten und Bezug.

Torfstreu kostet zurzeit ab bayer. Lieferwerken, in Ballen gepreßt, 10,50 Mk. je Zentner, ist also immer noch weit billiger wie Strohstreu, besonders wenn man dabei noch berücksichtigt, daß man im allgemeinen um $1/3$ weniger an Streutorf wie an Streustroh braucht. Man rechnet im großen Mittel als Bedarf für ein Stück Großvieh täglich 6—7 Pfund, **im Monat** also etwa **2 Zentner** Torfstreu.

Wegen des Bezuges von Torfstreu wende man sich an die **Bayer. Landesanstalt für Moorwirtschaft in München, Königinstraße 3,** die den Landwirten auf Wunsch in allen einschlägigen Angelegenheiten gerne kostenlos Rat und Auskunft erteilt.

Soweit nicht gemeinschaftlicher Bezug durch die landwirtschaftlichen Körperschaften und die Genossenschaften möglich sein sollte, empfiehlt es sich, daß Gemeindeverwaltungen für Landwirte, die für sich nicht eine Waggonladung Torfstreu benötigen, die einzelnen Bedarfsanmeldungen entgegennehmen, zu Waggonladungen zusammenstellen und gegebenenfalles durch das zuständige Bezirksamt weitergeben. Dieses wird die gemeindeweise bestellten Waggonladungen der **Landesanstalt für Moorwirtschaft** zuleiten.

Gedruckt im Auftrage des Bayer. Staatsministeriums für Landwirtschaft von R. Oldenbourg in München, Glückstr. 8.

R. OLDENBOURG / MÜNCHEN-BERLIN

Der Angelsport im Süßwasser

Von Dr. Karl Heintz

Vierte, neubearbeitete Auflage

VIII und 432 Seiten mit 376 Textabbildungen, 4 Tafeln und 1 Bildnis
1920. Preis gebunden M. 35.—

*

AUS DEN BESPRECHUNGEN:

»Wir stehen nicht an, das Buch für unbestritten das beste zu
erklären, das sich mit dieser Materie beschäftigt, es dient sowohl
dem Anfänger zur Einführung wie dem Kenner zur weiteren Be-
lehrung.« *Die Yacht, 1920.*

Grundangelei als feiner Sport

Von Dr. Winter

VIII und 61 Seiten mit 66 Textabbildungen
1921. Preis kartoniert M. 10.—

*

Als Frucht langjähriger Vertrautheit mit der Angelkunst ist
nun ein Werk entstanden, das bemüht ist, alles Neue und
jede Verfeinerung der Grundangelei in knapper, leichtverständ-
licher Form zusammenzufassen, zu zeigen, daß man die
scheinbar sehr primitive Grundangel zu einem
feinen Sportgerät gestalten kann und
gleichzeitig die Grundlage zu einem
edlen Angelsport zu geben

Düngerbuch
für bayerische Landwirte

Gemeinverständlich bearbeitet
von
Georg Bayer
Landwirtschaftsrat in München

Zweite, erweiterte Auflage
50. – 60. Tausend

Druck und Verlag von R. Oldenbourg in München

Inhaltsverzeichnis.

A. Die künstlichen Düngemittel.

Allgemeines.

Die Anwendung des Stallmistes und der Jauche, die in allen Wirtschaften die Grundlage der Düngung bilden sollen, macht keine Schwierigkeiten. Sie enthalten, wenn sie richtig behandelt werden, alle Nährstoffe und geben dann auch eine gute Ernte. Da aber die Stallmisterzeugung oft nicht hinreichend ist, um alle Kulturpflanzen ausreichend düngen und die höchsten Erträge erzielen zu können, hat sich die Anwendung der Kunstdüngemittel immer mehr eingeführt und war auch lohnend. Deswegen aber soll keinesfalls der Kunstdünger den Stallmist verdrängen. Nicht Stallmist oder Kunstdünger, sondern Stallmist und Kunstdünger soll der Hauptgrundsatz in der Düngung sein.

Die Kunstdünger sind im Gegensatz zum Stalldünger meist einseitige Dünger, d. h. sie enthalten nur einen Nährstoff, so z. B. Natronsalpeter nur den Nährstoff „Stickstoff", Kainit nur den Nährstoff „Kali". Es ist daher selbstverständlich, daß die künstlichen Düngestoffe nie den Stallmist voll ersetzen können; aber zur Ergänzung und Nachhilfe sind sie sehr geeignet; sie machen sich gut bezahlt, wenn sie am rechten Orte und zur rechten Zeit angewendet werden. Der starken Anwendung von Kunstdüngemitteln ist es wohl hauptsächlich zuzuschreiben, daß in Deutschland in den letzten Jahrzehnten die Ernten gewaltig gestiegen sind.

Die künstlichen Düngemittel können nur dann vollen Erfolg bringen, wenn sich die Böden, auf denen sie zur Anwendung kommen sollen, in gutem Kulturzustand befinden. Auf kalten Böden, besonders wenn sie gar noch unter stauender Nässe leiden, haben die Kunstdünger keinen oder nur wenig Nutzen. Entwässerung und zweckmäßige Bodenbearbeitung müssen hier vorangehen. Sodann muß

3*

sich der Landwirt voll und ganz darüber klar sein, daß unsere Kulturpflanzen nur dann hohe Erträge geben, wenn wir sie ordentlich füttern, d. h. ihnen die Nährstoffe genügend zuführen, die sie zur Entwicklung brauchen. Unsere Kulturpflanzen haben zu ihrem Gedeihen hauptsächlich folgende Nährstoffe nötig: Stickstoff, Phosphorsäure, Kali und Kalk. Jeder dieser 4 Hauptnährstoffe muß in genügender Menge den Pflanzen zugeführt werden, keiner darf in unzureichender Menge vorhanden sein, sonst helfen die anderen Nährstoffe, wenn auch noch soviel davon gegeben wird, wenig. Gibt z. B. der Landwirt den Pflanzen Stickstoff, Phosphorsäure und Kalk in reichster Menge, Kali dagegen nur ungenügend, so wird die Pflanze zu wachsen aufhören, wenn das Kali verbraucht ist. Jedem der 4 Nährstoffe fällt eben eine besondere Aufgabe zu; so dient der Stickstoff hauptsächlich zur Blatt- und Krautentwicklung, Phosphorsäure zur Ausbildung der Körner und der Gesamtpflanze, Kali zur Zucker- und Stärkebildung, während Kalk die im Boden vorhandenen Nährstoffe frei und beweglich und den Pflanzen mundgerecht macht. Daher müssen alle diese Nährstoffe gleichzeitig berücksichtigt werden. Das gilt vor allem bei den Böden, die von Natur aus arm sind, so besonders bei Sandböden. Bei mittleren und schweren Böden ist z. B. das Kalibedürfnis oft geringer, während das Bedürfnis an Stickstoff und Phosphorsäure oder Kalk meist ein großes ist. Aber auch die einzelnen Pflanzen haben ein verschiedenartiges Düngerbedürfnis; so muß der Landwirt beachten, daß die Kleearten und Hülsenfrüchte (Erbsen, Bohnen, Wicken) einen besonders großen Vorrat an Phosphorsäure, an Kali und Kalk — die Lupine dagegen nur wenig Kalk — die Getreidearten und Hackfrüchte viel Stickstoff und Phosphorsäure, die Hackfrüchte außerdem noch viel Kali im Boden verlangen. Wir sehen also, daß die richtige Ernährung der Pflanzen keine so einfache Sache ist, und daß nur der Sachkundige in der Lage sein wird, das Nährstoffbedürfnis der Pflanzen richtig zu befriedigen und dadurch hohe Erträge zu erzielen.

Man teilt die Kunstdüngemittel je nach dem Nährstoffe, den sie als Hauptbestandteil enthalten, ein: in Stickstoff-, Phosphorsäure-, Kali- und Kalkdünger.

Über die Eigenschaften, Anwendung und Wirkung ist folgendes zu sagen:

Die stickstoffhaltigen Düngemittel.

Fast alle unsere Kulturböden brauchen in erster Linie Stickstoff. Darum sind in den meisten Fällen die Ernten um so größer, je mehr Stickstoff zugeführt wird. Während des Krieges ist der Mangel an Stickstoff immer größer geworden und der größte Teil unserer Felder ist an Stickstoff sehr verarmt, da es auch weniger und geringwertigeren Stallbünger gab. Wir müssen dem Stickstoffhunger abhelfen und dauernd gut mit Stickstoff düngen. Große Fabriken, welche den für die Pflanze unbrauchbaren Stickstoff der Luft zu Ammoniak, Salpeter und Kalkstickstoff verarbeiten, sind während des Krieges entstanden. Ihre Erzeugnisse an Stickstoff stehen jetzt der Landwirtschaft zur Verfügung und der Mangel an stickstoff= haltigen Düngemitteln kann im allgemeinen als beseitigt gelten.

Von den Stickstoffdüngemitteln seien genannt:

1. Der Chilesalpeter, jetzt als Natronsalpeter im Inland künstlich hergestellt, enthält etwa 15½% Stickstoff, ist ein gelblich=weißes Salz; er war vor dem Kriege bei uns sehr beliebt und wurde viel gekauft, weil er schnell und sicher wirkt. Er ist leicht löslich, wird aber leicht ausgewaschen. Darum eignet er sich hauptsächlich nur im Frühjahr als Kopfdünger zu den meisten Pflanzengattungen, besonders für Rüben. Man gibt von ihm jeweils nur wenig und wiederholt lieber die Düngung.

2. Der Kalksalpeter wird einstweilen nur in Norwegen erzeugt und enthält etwa 13% Stickstoff; er ist in Bayern noch fast unbekannt. Ein Fehler ist, daß er leicht zerfließt, ein Vorteil dagegen, daß er auch noch den Nährstoff Kalk enthält. Er findet wie der Chilesalpeter im Frühjahr als Kopfdünger Verwendung und hat sich wie dieser gleich gut bewährt.

3. Schwefelsaures Ammoniak (etwa 20% Stick= stoff) ist ein weißliches Salz, das aber auch grau=gelblich ge= färbt sein kann. Es ist ein beliebtes, allgemein bewährtes, schnell wirkendes Düngemittel, und es kann zu sämtlichen

Getreidearten, Ölfrüchten, Rüben usw., besonders aber zu
Kartoffeln am besten kurz vor und zur Saat, aber auch noch
als Kopfdüngung gegeben werden. Im Gegensatz zum Chilesalpeter wird es nicht so leicht ausgewaschen und kann daher
in schwachen Gaben auch schon zu den Herbstsaaten angewendet werden, in stärkeren Gaben kann es im Herbste nur
auf tiefgründigen, besseren und schwereren Böden gegeben
werden. Auf Sandböden und mittleren Böden ist eine stär-
kere Düngung mit Ammoniak nur im Frühjahr zu verabfolgen,
da auf diesen Böden während des Winters zu große Stickstoffverluste eintreten. Es wirkt nicht so schnell wie der Salpeter; besonders gern wird das schwefelsaure Ammoniak bei
Kartoffeln und bei Gerste angewendet, da es bei den ersteren
die Haltbarkeit und bei Gerste die Qualität günstig beeinflußt.
**Auch ist seine Wirkung am besten, wenn es vor oder
bei der Saat durch Eggen, Kultivieren oder seichtes
Ackern mit in den Boden gebracht wird, dann geht
kein Stickstoff verloren.** Auf kalkreichen Böden erleidet
das schwefelsaure Ammoniak, wenn es nur obenauf gestreut
und nicht gleich untergebracht wird, Stickstoffverluste, hervor-
gerufen durch den Kalk des Bodens, der Ammoniak austreibt.
Es darf nicht mit Kalk oder kalkhaltigen Düngestoffen, wie
Thomasmehl, Kalkstickstoff oder mit Asche vermengt werden;
die treiben den Stickstoff in die Luft.

4. Der **Kalkstickstoff** (17—22% Stickstoff) ist ein feines,
stark staubendes, schwarzes Pulver und hat sich besonders während des Krieges, wo er in großen Mengen hergestellt wurde,
bei den Landwirten eingeführt und bewährt. Er eignet sich
vornehmlich für schwerere Böden und soll möglichst
8—14 Tage vor der Bestellung gut in den Boden gebracht werden. Er kann aber recht wohl auch noch bei der
Bestellung gegeben werden. Auf tiefgründigen, schweren
Bodenarten kann die ganze zugedachte Kalkstickstoffmenge schon
im Herbst, möglichst vor der Bestellung, gegeben werden;
auf Sand- und sonstigen durchlässigen Böden ist der Kalkstickstoff in der Hauptsache erst im Frühjahr zu verabfolgen.
Den Sommerfrüchten ist der zugedachte Kalkstickstoff immer
vor oder bei der Bestellung zu geben; er muß gut in den
Boden gebracht werden. Der Kalkstickstoff wirkt infolge seines

hohen Kalkgehaltes (ca. 60 % Kalk) ätzend auf die Blätter und
ist als Kopfdünger wenig geeignet; doch hat man ihn bei den
Wintergetreidearten auch mit Vorteil als Kopfdünger verwendet, besonders, wenn er zeitig im Frühjahr gegeben
wurde. Um Verbrennungen der Saaten zu vermeiden, streut
man ihn aus, wenn der Boden und die Pflanzen gut abgetrocknet sind. Keinesfalls darf man Kalkstickstoff zu schon
entwickelten Rüben oder Kartoffeln breitwürfig als Kopfdüngung geben. Hier kann er schwere Schäden verursachen.
Man stellt jetzt wieder geölten Kalkstickstoff her, der nicht so
sehr staubt als der ungeölte. Es empfiehlt sich beim Ausstreuen des Kalkstickstoffs gut geschlossene Kleider und Schuh-
zeug zu tragen und sich, besonders bei windigem Wetter,
einer Schutzbrille zu bedienen. Das lästige Stauben des Kalkstickstoffs kann man auch durch Anfeuchten mit Wasser ver-
hüten, indem man 100 kg Kalkstickstoff mit 10—15 l Wasser
langsam und gleichmäßig überbraust und gut durchmischt.
Der Kalkstickstoff muß dann aber sofort ausgestreut werden.
Für Moorböden, sehr leichte Sandböden und schwere, nasse
Böden ist Kalkstickstoff nicht geeignet. Kalkstickstoff hat sich auch
bei Bekämpfung des Hederichs sehr gut bewährt und verwendet man hierzu ungeölten Kalkstickstoff; damit die
unkrautvertilgende Wirkung eine möglichst sichere ist, soll der
Kalkstickstoff ausgestreut werden, wenn der Hederich das 2. bis
4. Blatt hat. Das Ausstreuen muß geschehen, so lange die
Hederichblätter noch feucht sind, entweder frühmorgens im
Tau oder einige Zeit nach einem vorausgegangenen Regen
und endlich bei möglichst windstillem Wetter. 60—100 ℔ Kalkstickstoff pro Tagwerk dürften je nach dem Grade der Verunkrautung genügen. Der Kalkstickstoff übt hier außer der
unkrautvertilgenden auch noch eine düngende Wirkung aus. Er
muß besonders trocken aufbewahrt werden, da er leicht Feuchtigkeit anzieht, die Säcke zum Platzen bringt und bei längerer
feuchter Aufbewahrung unter Umständen Stickstoffverluste erleidet. Es empfiehlt sich daher bei längerer Lagerung den
Kalkstickstoff in einem trockenen Raum auszuschütten und ihn mit
Säcken, noch besser mit einer Schichte Thomasmehl, zuzu-
decken. Kalkstickstoff darf nicht mit Superphosphat, Ammoniaksuperphosphat und schwefelsaurem Ammoniak gemischt werden.

Von den neuen Stickstoffdüngemitteln, welche
fabrikmäßig aus dem Stickstoff der Luft hergestellt werden,
sich bereits gut bewährt haben und dem Landwirt
jetzt in erster Linie zur Verfügung stehen, seien genannt:

5. Der künstliche Natronsalpeter (etwa 15,8 bis
16,2% Stickstoff) ist gut streufähig. Die Wirkung und
Anwendung desselben ist genau die nämliche wie
die des Chilesalpeters. Er kann also zu allen
Früchten, insbesondere zu Rüben, auf schwereren Böden
bei der Bestellung, sonst aber besonders als Kopfdünger angewendet werden. Er scheint als Düngemittel
eine große Zukunft zu haben und macht den Chilesalpeter
vollständig entbehrlich. Er ist im Gegensatz zum Chilesalpeter
frei von schädlichen Bestandteilen.

6. Der Kaliammonsalpeter (14—15% Stickstoff und
27% Kali) hat sich ebenfalls sehr gut bewährt. Man gibt
denselben am besten kurze Zeit vor der Aussaat
und eggt ihn gut ein. Man kann ihn aber auch
sehr gut als Kopfdünger verwenden. Zur Winterung
streut man ihn am besten im Februar und Anfang März
an schneefreien trockenen Tagen aus. Er enthält neben
dem Stickstoff noch 24% Kali, das ebenso gut wirkt wie dieser
Nährstoff in den Kalisalzen. Er eignet sich zu allen Früchten
gut und wegen seines Kaligehaltes besonders zur Kartoffel-, Ge-
müse- und Rübendüngung. Bei Anwendung von Kaliammonsalpeter soll man entsprechend weniger kalihaltige Düngemittel
geben. Sein Kaligehalt entspricht ungefähr 2 Ztr. Kainit oder
½ Ztr. Chlorkalium. Es ist vor seiner Anwendung zu überlegen, ob denn auch das Feld eine Zufuhr von Kali bedarf,
andernfalls man eben zu einem anderen Stickstoffdüngemittel
greifen muß. Mit Thomasmehl darf er nicht gemischt werden,
dieses ist vorher auszustreuen und einzueggen. Der Kaliammonsalpeter wird ebenfalls den Chilesalpeter ersetzen
helfen.

7. Der Ammonsulfatsalpeter mit etwa 27% Stickstoffgehalt soll den vorgenannten Kaliammonsalpeter überall
dort vertreten, wo man den Stickstoff ebenfalls im Gemenge
von Ammoniak- und Salpetersalzen geben, aber dabei, weil

auf dem betr. Boden entbehrlich, gleichzeitig nicht auch Kali zuführen will. Außerdem ist er ein chlorfreier Stickstoffdünger, daher besonders zu Kartoffeln geeignet. Im übrigen wird der Ammonsulfatsalpeter ähnlich wie der Kaliammonsalpeter bzw. wie das schwefelsaure Ammoniak angewendet (siehe Nr. 3 u. 6); zu beachten ist bei der Bemessung der Gabe und des Preises nur der sehr hohe Stickstoffgehalt von 27%.

8. Ammonsalpeter oder salpetersaures Ammoniak, das bis vor kurzem in den Handel gebracht wurde, hatte einen noch höheren Stickstoffgehalt, nämlich 34%. Er zog leicht Feuchtigkeit an und mußte daher trocken aufbewahrt werden. Man gab ihn am besten vor der Bestellung, konnte ihn aber auch als Kopfdünger, wenn die Pflanzen abgetrocknet waren, verwenden. Ammonsalpeter ist durch Verordnung des Reichsministers für Ernährung aus der Liste der zum Handel zugelassenen Düngemitteln gestrichen worden und darf daher nicht mehr gehandelt werden; da es genug andere brauchbarere Stickstoffdüngemittel gibt, ist kein Bedürfnis nach ihm mehr vorhanden.

9. Kalk-, Gips- und Knochenmehlammonsalpeter werden aus dem Ammonsalpeter durch Zusatz von Gips, Kalk bzw. Knochenmehl erhalten. Gips- und Kalkammonsalpeter enthalten ca. 20% Stickstoff, der Knochenmehlammonsalpeter ca. 32% Stickstoff. Auch diese Mischprodukte ziehen noch leicht Feuchtigkeit aus der Luft an und sind daher besonders trocken aufzubewahren. Sie sind bis jetzt nur in geringem Umfang in den Handel gekommen. Man gibt sie ebenfalls am besten vor der Bestellung, sie sind in der Stickstoffwirkung dem schwefelsauren Ammoniak gleich.

10. Der Natrammonsalpeter mit 40—45% Steinsalz gemischt enthält 20% Stickstoff zur Hälfte als Ammoniak und zur Hälfte als Salpeter. Die Wirkung desselben ist die gleich gute wie die des Kaliammonsalpeters. Er läßt sich im allgemeinen zu allen Früchten sowohl zur Bestellzeit als auch als Kopfdünger verwenden. Wegen seines Kochsalzgehaltes kann er auf schweren Böden verkrustend wirken.

11. Das salzsaure Ammoniak oder Chlorammonium (24—26% Stickstoff) wirkt wie das schwefelsaure Ammoniak und wird wie dieses angewendet; man gibt es ebenfalls am besten vor der Saat. Es drückt, wie alle chlorreichen Dünger, zu Kartoffeln gegeben, den Stärkegehalt etwas herab, so daß es sich zur Erzeugung stärkereicher Kartoffeln weniger eignet. Auch zur Tabakdüngung ist das Chlorammonium nicht zu empfehlen.

12. Das Natriumammoniumsulfat (16—20% Stickstoff oder auch 7—10% Stickstoff) ballt sich bei längerem Lagern zusammen und muß deshalb trocken aufbewahrt werden, sonst ist seine Anwendung und seine Wirkung wie die des schwefelsauren Ammoniaks, das aber mehr Stickstoff (20%) enthält. Wegen seines Gehaltes an Kochsalz ist es besonders für Rüben zu empfehlen.

Nicht vergessen seien noch die **organischen Stickstoffdüngemittel**, welche meist aus tierischen Abfällen hergestellt sind. Ihre Wirkung ist unter allen Stickstoffdüngern die langsamste; man verwendet sie am besten auf leichten, kalkhaltigen Böden und gibt sie auch schon im Herbst. Eine gute Unterbringung mit dem Pfluge ist notwendig; vielfach werden diese Düngemittel vor ihrer Anwendung mit Erde zu Kompost verarbeitet. Von diesen organischen Düngemitteln sind besonders im Handel vertreten: das leicht zersetzbare Blutmehl (9—14% Stickstoff), das besonders in der Gärtnerei beliebte Hornmehl (13—14% Stickstoff), das schwer zersetzbare Ledermehl (6—10% Stickstoff), der wenig wirksame Wollstaub (3—10% Stickstoff).

Die verschiedenen stickstoffhaltigen Düngerstoffe sind im allgemeinen um so wertvoller, je rascher sie wirken. Es sind also die organischen Düngestoffe den mineralischen, schnell wirkenden, immer unterlegen, weshalb der Stickstoff in den organischen Verbindungen auch weniger wert ist. Nicht immer will man, daß die Nährstoffe für die Pflanze schnell aufnehmbar sind, so z. B. zieht man für Braugerste das langsamer wirkende schwefelsaure Ammoniak dem Salpeter vor.

Um die Landwirte vor Schaden zu schützen, sei hier noch kurz auf die Stickstoffbakteriendünger, den Nitraginkompost und die U-Kulturen, die von verschiedenen

Firmen unter hochtönenden Anpreisungen in den Handel gebracht wurden, hingewiesen. Nach den marktschreierischen Anpreisungen müßte es sich hier um Düngemittel handeln, die alle Kulturpflanzen, namentlich das Getreide, die Kartoffeln und die Rüben, mittelbar und unmittelbar mit Stickstoff versorgen. Einwandfreie Versuche der landw. Versuchsstationen haben übereinstimmend ergeben, daß durch die Anwendung dieser Bakteriendünger irgendeine ertragsteigernde Wirkung bei unseren Kulturpflanzen nicht erzielt werden konnte. Die Landwirte müssen daher bringend vor Ankauf derartiger Erzeugnisse gewarnt werden.

Die phosphorsäurehaltigen Düngemittel.

An phosphorsäurehaltigen Düngemitteln war die letzten Jahre großer Mangel. Zu ihrer Herstellung bezogen bzw. beziehen wir die weitaus größte Menge des Rohstoffes aus dem Auslande. Unsere Eisenindustrie kann nur einen kleinen Teil des benötigten Thomasmehls liefern. Wir haben auch nur wenig Knochenmehl. Wenn auch die Phosphorsäurewirkung eines gepflegten Stallmistes eine gute ist, so ist doch der Boden im allgemeinen infolge der ungenügenden Zufuhr von Thomasmehl und Superphosphat an Phosphorsäure verarmt. Bei vermehrter Stickstoffdüngung muß unbedingt sobald als möglich wieder Phosphorsäure in erhöhtem Maße zugeführt werden. Die Phosphorsäuredüngemittel stehen uns jetzt wieder reichlicher zur Verfügung.

An Phosphorsäuredüngemitteln sind zu nennen:

1. Die Superphosphate. Diese werden aus Rohphosphaten, auch aus Knochenmehl u. dgl. hergestellt. Ihr Wert beruht auf dem Gehalt an wasserlöslicher Phosphorsäure. Je nach dem Rohmaterial schwankt der Gehalt zwischen 11 und 21%. Infolge des Gehaltes an wasserlöslicher Phosphorsäure wirken die Superphosphate ziemlich schnell. Es soll trocken, feinpulverig und gut streubar sein. Beim Einkauf muß man sich zunächst den Gehalt an nunmehr wieder wasserlöslicher Phosphorsäure garantieren lassen, dann aber auch auf die trockene streubare Beschaffenheit achten. Das Ausstreuen des Superphosphats soll kurz

vor der Saat stattfinden, man pflügt es ein; min=
destens eggt man es gut unter. Es eignet sich besonders
für schwere und kalte Böden, auf welchen das Super=
phosphat bei den meisten Kulturpflanzen besser wirkt als das
Thomasmehl, für leichte Sand= sowie Torf= und Moorböden
nimmt man lieber die übrigen Phosphatdünger. Superphos=
phat ist für den Zuckerrübenbau besonders vorteilhaft.
Es darf nicht mit Thomasmehl, noch weniger mit Düngekalk
oder Kalkstickstoff gemischt werden. Die Superphosphate
fehlten während des Krieges fast vollständig. Nunmehr ist es
der Reichsregierung gelungen, größere Mengen Rohphosphate
einzuführen bzw. die weitere Einfuhr so zu beschleunigen, daß
jetzt schon der Landwirtschaft größere Mengen Superphos=
phate zu verbilligten Preisen zur Verfügung stehen. Sie
sind nur hoch im Preise, was manche Landwirte vom Kauf
abhält. Soweit aber die billigeren Phosphatdüngemittel nicht
zu haben sind, darf sich der einsichtige Landwirt nicht an dem
höheren Preis des Superphosphates stoßen, zumal wenn der
Boden Mangel an Phosphorsäure hat, denn in diesem Fall
würde er am unrechten Platze sparen!

    2. Das Thomasschlackenmehl, auch Thomasphos=
phat genannt, enthält 11—26% Gesamtphosphorsäure und
nebenbei noch 40—60% Kalk. Thomasmehl soll nur nach dem
Gehalt an zitronensäurelöslicher Phosphorsäure gekauft
werden, die etwa noch vorhandene unlösliche Phosphorsäure
kann nicht gerechnet werden. Wichtig ist auch die feine Mah=
lung. Gutes Thomasmehl enthält 14—20% zitronensäure=
lösliche Phosphorsäure. Es wirkt im allgemeinen langsamer,
dafür aber nachhaltiger als Superphosphat. Man streut es
am besten zeitig vor der Saat und bringt es gut in
den Boden unter. Es kann aber zur Not auch als Kopf=
dünger gegeben werden, aber nur in solchen Fällen, wo es zu
spät zur Saat eintrifft. Mit besserem Erfolg kann es während
des ganzen Winters, aber auch noch kurz vor der Saat
angewendet werden. Thomasmehl kann man des besseren
Ausstreuens wegen mit Kalisalz mischen aber nur, wenn
das Ausstreuen bald erfolgt. Nicht mischen darf man Thomas=
mehl mit Superphosphat und stickstoffhaltigen Düngemitteln.
Auch mit Stallbung darf Thomasmehl nicht zusammen=

kommen, da sonst der Stickstoff des Stallbüngers aus=
getrieben wird. Man streut eben erst das Thomasmehl,
eggt dieses unter und gibt dann den Stallbünger oder
pflügt erst den Stallmist unter und streut das Thomasmehl
auf die rauhe Furche. Durch die Thomasmehlbüngung wird
dem Boden eine nicht unerhebliche Menge von gut wirksamem
Kalk zugeführt. Es eignet sich besonders für kalkarme Sand=
böden, saure Moor= und Wiesenböden. Das Kalkbedürfnis
der Kulturpflanzen auf diesen Böden kann durch eine regel=
mäßige Düngung mit Thomasmehl nahezu gedeckt werden.
Eine Vorratsdüngung an Phosphorsäure wird am zweck=
mäßigsten in Form von Thomasmehl gegeben.

Neben dem hochwertigen Thomasschlackenmehl können
nun mit Erlaubnis des Reichsministers für Ernährung auch
das minderprozentige Martinschlackenmehl (4—7%)
und das noch geringprozentigere Hochofenschlacken=
mehl (4%), letzteres unter dem Namen Konverterauswurf
in den Handel gebracht werden. Beide müssen mindestens
4% zitronensäurelösliche Phosphorsäure enthalten.
Die derzeitig hohen Frachtkosten lassen einen Versand derart
niederprozentiger Schlackenmehle auf weitere Entfernungen
nicht zu. Martinschlackenmehl wie die Konverterauswürfe
sind im Aussehen dem hochwertigen Thomasmehl sehr ähnlich.
Kein Wunder, wenn mit diesen minderwertigen Schlacken=
mehlen Unfug getrieben wird. Die Fälle, in denen Konverter=
auswürfe und Martinschlackenmehle mit nur 1—4% zitronen=
säurelöslicher Phosphorsäure als hochwertiges Thomasmehl
geliefert bezw. angeboten werden, sind nicht selten. Darum
ist Vorsicht beim Einkauf dringend geboten! Bei Bezug von
Schlackenmehl usw. lasse man sich immer den Gehalt an
zitronensäurelöslicher Phosphorsäure garantieren, nehme eine
Probe und lasse sie untersuchen. Die geringen Untersuchungs=
gebühren machen sich bezahlt. Sobald Thomasmehl wieder
genügend zur Verfügung steht, müssen diese geringprozen=
tigen Schlackenmehle, die viel zu teuer kommen, wieder aus
dem Handel verschwinden.

3. Die Rohphosphate (wie Lahnphosphorite, bel=
gisches Rohphosphat usw.) sind bei dem Mangel an Thomas=
mehl und Superphosphat wieder mehr in den Handel gekom=

men. Da ihre Phosphorsäure meist in einer für die Pflanzen
schwer löslichen Form vorkommt, kommt ihnen nur eine geringe Bedeutung zu. Ihr Gehalt an Phosphorsäure ist sehr
schwankend, und die Landwirte werden von der Anwendung der Rohphosphate, mit denen jetzt sehr viel Schwindel
getrieben wird, und die unter irreführenden Namen, wie „un-
aufgeschlossenes Thomasmehl" usw., in den Handel gebracht
werden, ganz absehen. Die Rohphosphate haben zudem bis
jetzt nur auf den Hochmooren und sauren humusreichen Böden
eine gute Wirkung gezeigt.

Durch Zusammenschmelzen der Rohphosphate mit Kiesel-
säure, Kalk, Kalisalzen usw. werden diese aufgeschlossen, und
man hat nun wertvollere und gut verwendbare Phosphorsäuredünger erhalten. Es sind dies:

4. Das Woltersphosphat mit 14—17% zitronensäurelöslicher Phosphorsäure, welches schon vor dem Krieg
im Handel war und recht gute Erfolge brachte; die Anwendung ist die gleiche wie bei Thomasmehl. Es wirkt
fast so gut wie Superphosphat und eignet sich besonders für
Moorböden, weil es nicht sauer wirkt.

5. Die Rhenaniaphosphate (etwa 12% Gesamtphosphorsäure, davon 6—10% zitronensäurelöslich) und Ger-
maniaphosphate (etwa 8,9% Gesamtphosphorsäure, davon
etwa 6% zitronensäurelöslich) sind durch Glühen mit Lava
usw. aufgeschlossene Rohphosphate; sie sind ein brauch-
barer Ersatz für Thomasmehl. Ihre Anwendung ist
die gleiche wie die von Thomasmehl. Ihre Dünger-
wirkungen haben recht befriedigt, wenn sie auch der des
Thomasmehls etwas nachstehen. Der Wert dieser beiden
Phosphate hängt von dem Gehalt an zitronensäurelöslicher Phosphorsäure ab. Mit diesen Ersatzdünge-
mitteln wird derzeit ebenfalls viel Schwindel getrieben —
es kommen oft recht niederprozentige Erzeugnisse in den
Handel, die kaum die Fracht lohnen —, weshalb Vorsicht
beim Kauf nötig und neben Kauf nach fester Garantie eine
Untersuchung auf den Gehalt unerläßlich ist. Bei
Mangel an Thomasmehl ist der Bezug von Rhenaniaphosphat,
das aus inländischen Phosphaten gewonnen wird und in
größeren Mengen zu haben ist, zu empfehlen.

Die stickstoff- und phosphorsäurehaltigen Düngemittel

haben insofern eine Bedeutung, als sie oft die mit der künstlichen Düngung wenig erfahrenen Landwirte durch den Gebrauch dieser Düngemittel vor Mißerfolgen schützen können.
Von diesen Handelsdüngern sind zu nennen:

1. Der Peruguano, eine Art Geflügelmist, enthält
je nach seiner Fundstätte etwa 7% Stickstoff, 14% Gesamtphosphorsäure und 1—2% Kali oder 3% Stickstoff, 15% Phosphorsäure und 2—3% Kali; der aufgeschlossene Peruguano 7%
Stickstoff, 9,5% Phosphorsäure, 1—2% Kali. Seiner Zu-
sammensetzung nach eignet er sich für die Getreidearten,
Ölfrüchte, Hackfrüchte, Gartenkulturen und besonders gut für
Braugerste und Speisekartoffeln. Man verwendet ihn am
besten auf leichten Böden, während der aufgeschlossene
Peruguano für alle Böden in Betracht kommt. Infolge
seines Gehaltes an verschiedenen Nährstoffen versagt er
selten und war deshalb gerade bei den kleinen Landwirten
ein recht beliebtes Düngemittel. Man gibt den Guano am
besten schon etwas vor der Bestellung, pflügt ihn unter
oder eggt ihn gut ein. Im Kriege kam keiner herein und in
nächster Zeit dürfte die Einfuhr wohl auch nicht groß sein,
zumal seine Abbaustätten in Peru usw. schon vor dem Krieg
ziemlich erschöpft waren.

2. Die Knochenmehle enthalten nur wenig Stickstoff, dafür aber mehr Phosphorsäure und sind in ihrem
Nährstoffgehalt sehr schwankend, weshalb Vorsicht
beim Kauf dringend notwendig ist. Für den Landwirt kommen
besonders in Betracht das gedämpfte Knochenmehl mit etwa
4% Stickstoff und 21% Phosphorsäure und das entleimte
Knochenmehl mit nur ½ bis höchstens 1% Stickstoff und 28
bis 30% Phosphorsäure. Beide Knochenmehle wirken langsam, da die Phosphorsäure in ziemlich schwer löslicher Form
vorhanden ist; je feiner das Mehl, um so besser die Wirkung.
Sie eignen sich besonders zur Düngung von leichten, nicht
zu kalkreichen Böden und zu langlebigen Pflanzen (Winterung).
Auf schweren Böden soll Knochenmehl nicht angewendet werden, da es hier nur eine geringe Wirkung zeigt. Das Knochenmehl muß flach untergeackert oder wenigstens

gut eingeeggt werden; man bringt dasselbe längere
Zeit vor der Saat auf den Acker, am besten schon im
Herbst. Die Knochenmehlphosphorsäure hat geringere Wirkung als die zitronensäurelösliche, aber eine bessere als die
der Rohphosphate. Im aufgeschlossenen Knochenmehl und
Knochenmehlsuperphosphat ist ein Teil der Phosphorsäure
wasserlöslich.

3. Die Ammoniaksuperphosphate sind eine Mischung
von schwefelsaurem Ammoniak und Superphosphat und
kamen vor dem Kriege in verschiedenem Mischungsverhältnis vor. Die gebräuchlichsten Ammoniaksuperphosphat-
mischungen waren 9/9; 8/10; 6/12; 5/13; 3/15, wobei die linke
Zahl den Stickstoff-, die rechte Zahl den Phosphorsäuregehalt
anzeigt. Es enthält also Ammoniaksuperphosphat 6/12 6%
Stickstoff und 12% lösliche Phosphorsäure. Ammoniaksuperphosphat ist ein schnell wirkendes Düngemittel und besonders für die Sommerfrüchte geeignet, namentlich auch für
die Zuckerrüben. Man wendet es aber auch mit gutem Erfolg im Herbst zu Wintergetreide an. Die Ammoniaksuperphosphate sind am zweckmäßigsten unterzupflügen;
man kann sie auch als Kopfdüngung zu Getreide
geben, eggt sie dann am besten ein oder zu Hackfrüchten und hackt sie dann unter.

Die Anwendung der Düngemittel mit mehreren Nährstoffen — Mischdünger — kann in manchen Fällen eine Verschwendung des einen oder anderen Nährstoffes bedeuten,
wenn eben der eine Nährstoff schon genügend im Boden vorhanden ist. Weiter ist zu beachten, daß die Nährstoffe in diesen
Düngemitteln wesentlich teurer zu stehen kommen; es muß
eben auch das Mischen bezahlt werden. Im übrigen aber
haben sich diese bequemen Düngemittel in der Praxis recht
gut bewährt.

Die kalihaltigen Düngemittel.

Die Zufuhr von Kali bildet bei den kaliarmen Bodenarten, das sind besonders die Sand-, Moor- und Heideböden,
die unerläßliche Voraussetzung für ein gedeihliches Wachstum.
Die mehr lehmigen und tonigen Bodenarten sind oft an sich

etwas reicher an löslichem Kali und bedürfen daher vielfach
nicht so sehr der Kalizufuhr. Von den Kulturpflanzen selbst
verlangen .besonders die Kartoffeln, alle Rübenarten, dann
die Wiesen und Weiden, die Kleearten und Hülsenfrüchte
sowie die Obst- und Gemüsepflanzen viel Kali; diese Pflanzen
nützen die Kalidüngung am vorteilhaftesten aus. Auch die
Halmfrüchte, besonders Gerste und auch Hafer, sind für eine
Kalidüngung, besonders auf leichteren Böden, recht dankbar.
Das Kali kann natürlich nur wirken, wenn auch Stickstoff
und phosphorsäurehaltige Düngemittel zugeführt oder in
genügender Menge vorhanden sind. Starke Kalidüngungen
verdrängen den Kalk aus dem Boden, weshalb eine Wieder-
holung der Kalkung von Zeit zu Zeit nicht versäumt werden
darf. Die wichtigsten für die Landwirtschaft in Betracht kom-
menden Kalidüngemittel.sind:

1. Der Kainit. Er ist das in größtem Umfang verwendete Kalirohsalz. Der Gehalt an garantiertem Kali beträgt 12—15%. Er stellt ein weißgrau bis rötlich gefärbtes
Salz dar, zieht leicht Wasser an und wird bei feuchtem Lagern
je nach Beschaffenheit des Salzes nach längerer Zeit mitunter
steinhart. Durch Zerkleinern bzw. Zerstoßen wird es meistens
wieder gebrauchsfähig. Kainit muß daher in ganz trockenen
Räumen aufgehoben werden. Er kann die wasserhaltende
Kraft des Bodens erhöhen und daher für trockene, leichte
Böden recht wertvoll sein; auf schweren Böden dagegen kann sich eine nachteilige Wirkung einstellen.
Andauernd starke Kainitdüngungen verkrusten nämlich infolge
ihres hohen Kochsalzgehaltes die Böden und verschlechtern
die Bodenbeschaffenheit; dagegen hilft Stalldüngung, gute
Bodenbearbeitung und von Zeit zu Zeit eine Kalkzufuhr.
Den Kainit verwendet man hauptsächlich auf Moor-,
Sand- und Heideböden; er kann fast zu allen Früchten gegeben
werden und eignet sich besonders für Wiesen und Weiden. Man
gibt Kainit am besten im Herbst und pflügt ihn unter
oder man streut ihn bei verspätetem Eintreffen auf die
rauhe Furche. Den Wintersaaten kann er an schneefreien,
trockenen Tagen ebenfalls noch als Kopfdünger gegeben werden.
Den Wiesen- und Kleefeldern gibt man Kainit im Herbst
am zweckmäßigsten bei trockener Witterung. Will man

Kainit zu Kartoffeln geben, so muß man ihn wegen seines Chlorgehaltes schon im Herbst, zum mindesten über Winter, dem Acker zuführen, da er, im Frühjahr erst gegeben, den Stärkegehalt der Kartoffeln herunterdrückt. Zur Düngung von Tabak, Wein und Hopfen eignet er sich nicht. Die Nebensalze (Chloride und Sulfate) können auch, wenn Kainit früh genug gegeben wird, schwer lösliche Phosphate im Boden aufschließen. Als Kopfdünger eignet sich Kainit weniger, weil er ätzend auf feuchte Pflanzen wirkt. Besonders empfindlich ist Hederich und Moos, weshalb er zu deren Vertilgung in fein gemahlener Form angewendet wird.

2. Das 40proz. Kalisalz stellt einen gereinigten hochprozentigen Kalidünger dar. Der garantierte Kaligehalt beträgt 38—42%, also dreimal soviel als derjenige des Kainits. Es ersetzt also 1 Ztr. 40proz. Kalisalz 3 Ztr. Kainit. Man kann es zu allen Böden geben, besonders gut aber ist es zu schweren Böden, welche durch Kainit verkrustet werden. Die hochprozentigen Kalisalze führen dem Boden nur wenig Kochsalz zu. Man gibt sie am besten im Frühjahr einige Wochen vor der Bestellung. Man vermeide unmittelbar zur Bestellung große Mengen von Rohsalzen zu geben, damit nicht die Keimung der Saaten darunter leide. Als Kopfdünger gebe man sie, wie alle ätzenden Dünger, nur, wenn die Pflanzen völlig abgetrocknet sind. Unzulässig ist eine Kopfdüngung bei Rüben und Hülsenfrüchten, ebenso kann Klee leicht beschädigt werden, weshalb man bei diesen Früchten das Kalisalz immer vor der Saat gibt. Außer dem 40proz. Kalisalz kommen noch in den Handel das

Chlorkalium mit 48—54% Kali ist reines Kalisalz und wird wie 40proz. Kalisalz angewendet.

Das schwefelsaure Kali mit 48—52% Kali und die schwefelsaure Kalimagnesia mit 26—27% Kali und 28% Magnesia sind chlorfrei und haben sich gut bei Düngung der Kartoffeln, Gemüse, und ersteres besonders bei Tabak bewährt.

Derzeit wird auch Phonolithmehl wieder mehr als Kalidünger angeboten. Das Kali dieses Phonolithmehls ist aber nur in Spuren oder überhaupt nicht löslich. Es ist deshalb vor Ankauf dieses Phonolithmehls zu warnen, da sich

meist nicht einmal die Fracht für dieses Düngemittel bezahlt
machen wird.

Die kalkhaltigen Düngemittel.

Der Kalk ist ein unentbehrlicher Pflanzennährstoff.
Ohne genügenden Kalkgehalt des Bodens ist an
einen lohnenden Ackerbau nicht zu denken. Am meisten
bedürfen Klee, Luzerne, Esparsette, Bohnen, Erbsen,
Wicken, die Wiesengräser, die Obstbäume einer Düngung
mit Kalk. Auch unsere Getreidefrüchte werden ganz unver-
kennbar nach Menge und Güte von dem Kalkgehalt des Bodens
günstig beeinflußt. Das Futter von kalkreichen Böden fördert
besonders bei jungen Tieren die Entwicklung eines kräftigen
Knochengerüstes. Die Mehrzahl unserer Böden ist
kalkarm, ganz besonders die meisten Sandböden
und viele sehr schwere Böden. Die Kalkarmut eines Bodens
macht sich in vielen Fällen durch gewisse Anzeichen bemerkbar,
so durch die rostrote Färbung des Drainagewassers, durch
das vorherrschende Auftreten von Ackerschachtelhalm, des
kleinen roten Sauerampfers, von Wucherblumen, durch
mangelhaften Kleewuchs usw. Weiter muß beachtet werden,
daß durch starke Kalidüngung sehr viel Kalk im Boden löslich gemacht und ausgewaschen wird, so daß selbst von Natur
aus reiche Kalkböden mit der Zeit kalkarm werden. Neben der
Nährstoffwirkung hat der Kalk noch ganz besonders wertvolle,
den Boden verbessernde Wirkungen; so schließt er den
Boden auf und macht die Pflanzennährstoffe den Pflanzen
zugänglich, leicht lösliche hält er fest. Er verbessert ferner den
Boden, indem er schwere, zähe, bindige Böden lockerer und
krümeliger und dadurch durchlässiger macht, wirkt auch auf
kalten Böden insoferne düngend, indem er die Verwesung
begünstigt. Leichte Böden werden bei Anwendung von Ton-
oder Lehmmergel bindiger, und ihre wasserhaltende Kraft
steigert sich. Vor andauernd einseitiger Kalkdüngung
muß aber gewarnt werden, da der Boden sonst zu
schnell an Nährstoffen, besonders an Stickstoff, ver-
armen würde und später Mißernten die Folge
wären. Darum soll man auch nicht mit Kalk düngen, wenn der
Boden kraftlos, d. h. nährstoffarm ist. Kalkdüngemittel stehen

uns im allgemeinen in Bayern wieder genügend zur Verfügung. Wir können den schädlichen Folgen des Mangels
an anderen Kunstdüngemitteln durch eine Düngung mit
Kalk entgegenarbeiten, weil der Kalk die noch im Boden
gebundenen Nährstoffe freimacht und so zur Steigerung der
Ernteerträge beiträgt. Kalkdüngemittel stehen uns folgende
zur Verfügung:

1. Der Ätzkalk ist gebrannter Kalk und kommt gemahlen
oder als Stückkalk in den Handel. Sein Wert hängt ab von
seinem Gehalt an Kalziumoxyd; man soll nur hochprozentige
Ware mit mindestens 80—90% Kalziumoxyd beziehen wegen
der Ersparnis an Fracht- und Fuhrkosten. Der gebrannte
gemahlene Kalk wird vornehmlich auf bindigen, tonigen
Böden verwendet, wo er besonders zur Lockerung und Krü-
melung des Bodens beiträgt. Stückkalk muß erst auf dem Felde
gelöscht werden. Man bringt ihn in gleichmäßig über das Feld
verteilte kleine Haufen und überdeckt ihn gut mit Erde, damit
nicht Regen eindringen kann. Nach einiger Zeit (8—14 Tagen)
ist der Stückkalk durch Aufnahme von Feuchtigkeit zu Pulver
zerfallen und kann dann mit der Schaufel verstreut werden.
Man sorge für gleichmäßiges Ausstreuen und für sofortiges
Unterbringen des trockenen Kalkes durch flaches Einpflügen.
Werden schmierige und breiige Kalke eingepflügt, so verhärten
sie den Boden mörtelartig; dies ist eher schädlich als nützlich.
Man kalke daher nicht bei anhaltendem Regenwetter. Ätzkalk
empfiehlt sich möglichst im Laufe des Sommers und Herbstes auf
die Stoppeln zu streuen und unterzupflügen. Bei Verwendung
von gebranntem Stückkalk auf Wiesen ist derselbe vorher ab-
zulöschen, indem man die Kalkstücke mittels eines Korbes in
Wasser taucht; nach Entweichen der im Kalkstein enthaltenen
Luft in Form von Blasen, was nach ungefähr 5 Minuten
geschehen sein dürfte, ist das Löschen beendet und der Kalk
zerfällt dann, auf einen Haufen geschüttet, zu Pulver. Mittels
einer Schaufel streut man ihn vom Wagen herab auf die
Wiese und eggt ihn mit der Wiesenegge gut ein. Man gibt
bei einer sich alle 4 Jahre wiederholenden Kalkung schweren
Böden pro Tagwerk 10—25 Ztr. Ätzkalk, um so mehr je zäher
und kälter der Boden ist.

2. **Kohlensaurer Kalk** ist gemahlener roher Kalkstein. Er soll mindestens 80—90% kohlensauren Kalk enthalten
und fein gemahlen sein. Er eignet sich für leichtere und
trockene Böden und ist besonders gut für alle blattreichen
Pflanzen, Klee, Hülsenfrüchte, Gras. Nach dem Ausstreuen
soll er gründlich eingeeggt werden. Man gibt auf leichte
Böden 15—20 Ztr. auf 1 Tagwerk.

3. **Mergel** ist eigentlich nichts anderes als Erde mit
einem hohen Gehalt an kohlensaurem Kalk. Es kommen häufig
Mergel mit 60—80 und mehr Prozent Kalk vor; sie sind hoch-
wertig. Zu ihnen gehören die in Mooren und in deren Umgebung vorkommenden Almerden und Almsande. Eine Düngung mit niedrigprozentigem (20—50%) Mergel kann durch
die hohen Transportkosten nur dort in Frage kommen, wo
in der Nähe billiger Mergel vorhanden ist. Daher soll der
Landwirt vorkommenden Mergel untersuchen lassen. Kalk-
und Sandmergel bringt man mit Vorteil auf schwere Böden,
dagegen den Tonmergel auf Sandböden. Ist er gut zerfallen,
wird er untergepflügt oder auf Wiesen gut eingeeggt. Die
Menge des aufzubringenden Mergels richtet sich nach seinem
Gehalt an kohlensaurem Kalk, der sehr verschieden sein kann.
Es sind meist recht große Mengen nötig. Man zahle im Mergel
nur den kohlensauren Kalk! Daher immer beim Ankauf
untersuchen lassen!

4. **Abfallkalke** aus Zuckerfabriken und sonstigen In-
dustrien, wie Kalkasche, Staubkalk, Scheidekalk der Zuckerfabriken, Kalkschlamm von der Kalkstickstoffherstellung usw.
können, wenn man sie zu billigen Preisen in der Nähe haben
kann, als brauchbare Kalkdünger Verwendung finden. Ihr
Wert richtet sich nach dem Gehalt an Kalk, den man vor dem
Kauf sich garantieren und durch Untersuchung nachprüfen
läßt. Vor der Verwendung läßt man die oft feuchte Masse
auf Haufen austrocknen, zerpulvert sie und pflügt sie dann
unter.

5. **Gips**, auch schwefelsaurer Kalk genannt,
kommt als rohgemahlener Gipsstein in den Handel. Er enthält nur $\frac{1}{3}$ Kalk und steht dem gebrannten und kohlensauren
Kalk in der Wirkung bedeutend nach und kommt als eigent-

liches Kalkdüngemittel nur wenig mehr in Betracht. Er ist
viel teurer im Vergleich zu den anderen Kalkdüngern und wird
in der letzten Zeit unter dem den Landwirten unbekannten
Namen „schwefelsaurer Kalk" in den Handel gebracht. Auf
nassen, kalten und sauren Böden oder auf zu trockenen Sandböden ist ein Erfolg von der Gipsdüngung nicht zu erwarten.
Ebensowenig nützt er auf ärmeren Böden. Der Gips schließt
die schwer löslichen Kali enthaltenden Bodenteile auf und
vermittelt so auf Kosten des Bodenvorrates eine Kaliernährung
der Pflanzen. Man gibt den Gips immer als Kopfdünger,
am zweckmäßigsten noch zu Klee und Hülsenfrüchten in Mengen
von 2—6 Ztr. für das Tagwerk. Gips hält auch Ammoniak
fest und wird zu dem Zweck im Stall auf den Mist gestreut
oder der Jauche zugefügt. Im ganzen ist er aber zu teuer.
Die Wirkung des Gipses ist gegenüber der des kohlensauren
Kalkes und Ätzkalkes eine so mangelhafte, daß Gips als Kalkdüngemittel nicht mehr gekauft werden sollte.

Welche Düngemittel dürfen gemischt werden?

Große Vorsicht ist, wie schon angedeutet, beim Mischen
der verschiedenen Düngemittel geboten, damit nicht Verluste
an Stickstoff entstehen oder die Wirksamkeit der Phosphorsäure durch Unlöslichwerden beeinträchtigt wird. So dürfen
schwefelsaures Ammoniak, Ammoniaksalpeter, Kali- oder
Natronammonsalpeter, Natrium-Ammoniumsulfat, ferner
Stallmist, Guano, Jauche nicht mit Thomasmehl, Rhenania-
Phosphat, Kalk, Kalkstickstoff, Kalksalpeter, Mergel und Asche
gemischt oder zu gleicher Zeit ausgestreut werden.

Superphosphat darf nicht gemischt werden mit
Thomasmehl, Rhenania-Phosphat, Kalksalpeter, Kalkstickstoff
und sonstigen kalkhaltigen Düngemitteln; dagegen kann es
gemischt werden mit Chilesalpeter, schwefelsaurem Ammoniak
und sonstigen Ammoniakverbindungen, Guano, Kalisalzen.

Die Kalisalze allein können mit allen Düngemitteln
gemischt werden, doch muß man Mischungen mit Thomasmehl
und Kalkstickstoff möglichst bald ausstreuen, da sonst die Gemische verhärten.

Kalkstickstoff darf gemischt werden mit Thomasmehl, Rhenania-Phosphat, Knochenmehl und mit Kalisalzen.

Thomasmehl und Rhenaniaphosphat können gemischt werden mit Kalkstickstoff und Knochenmehl.

Beim Mischen von verschiedenen Düngemitteln achte man streng auf ein sorgfältiges und inniges Vermengen.

Die Mischungsmöglichkeiten der verschiedenen Kunstbüngemittel möge noch nachfolgende Abbildung veranschaulichen:

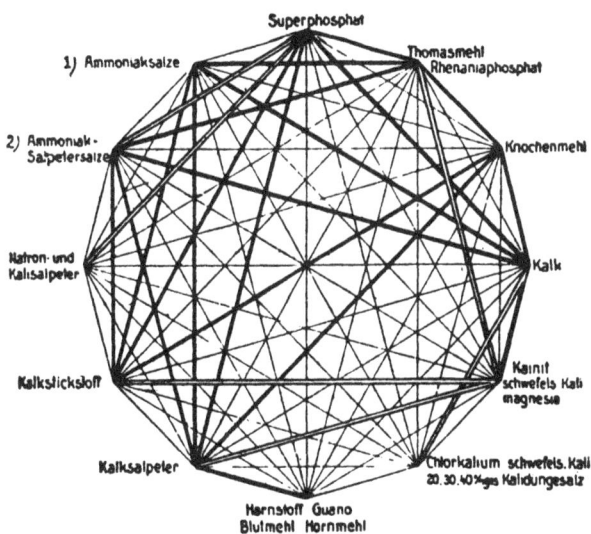

Erklärung.

Die mit vollen (████) Linien verbundenen Düngemittel dürfen nicht miteinander gemengt werden, die mit Doppellinien (════) verbundenen nur unmittelbar vor ihrer Verwendung, die mit einfachen Linien (───) verbundenen jederzeit.

Von großer Bedeutung ist weiter, daß die Düngemittel von einer feinpulverigen Beschaffenheit sind, damit sie sich möglichst gleichmäßig über das ganze Feld verteilen lassen; sie lassen sich dann auch auf das innigste mit der obersten Bodenschichte vermischen, werden den Pflanzen leicht zugänglich und wirken dadurch am sichersten. Um ein gleichmäßiges Ausstreuen zu ermöglichen, empfiehlt es sich, wenn nur kleine Mengen für eine größere Fläche in Betracht kommen, diese vor dem Ausstreuen mit guter feinkörniger Erde,

Sand oder auch mit Sägmehl oder Torfmulle auf das beste
zu mischen. Beimischungen von Kalk, Asche sind zu unterlassen,
da sie leicht Stickstoffverluste zur Folge haben können. Sollen
die Dünger voll zur Wirkung kommen, so dürfen sie
weder zu tief in den Boden kommen, noch dürfen sie
zu flach oben aufgebracht werden.

In welcher Menge soll man die Kunstdünger den Pflanzen zuführen?

Allgemein gültige Düngerrezepte lassen sich bei
der Verschiedenartigkeit der Bodenverhältnisse, der Wirtschafts-
verhältnisse, der Vor- und Nachfrucht, der wechselnden Ansprüche der Kulturpflanzen unmöglich aufstellen. Je ärmer
ein Boden an einem Pflanzennährstoff ist, desto stärker müssen
im allgemeinen die Düngungen mit dem betreffenden Düngemittel sein. Das besondere Bedürfnis der Pflanzen an dem
einen oder anderen Nährstoff ist ebenfalls zu berücksichtigen.
So wissen wir, daß die Halmgewächse und Rüben vorzugsweise
eine Stickstoffdüngung lohnen; die Erbsen, Bohnen, Wicken,
Lupinen und alle Kleearten holen sich den Stickstoff aus der
Luft selbst und brauchen vorzugsweise eine Phosphorsäure-,
Kali- und Kalkdüngung. Die Wurzel- und Knollengewächse
machen große Ansprüche an Stickstoff und Phosphorsäure und
besonders an Kali. Dementsprechend muß nun der Landwirt die Düngemittel auswählen und die Menge bestimmen. Die Menge selbst richtet sich wieder nach dem Gehalt der Düngemittel an aufnehmbaren Nährstoffen.
So braucht man von hochprozentigen Düngemitteln weniger zu geben als von den geringwertigen, um dem Boden
die gleichen Mengen an Stickstoff, Phosphorsäure, Kali, Kalk
zuzuführen. Der Gehalt an Nährstoffen wird in der Praxis
bei der Anwendung der Düngemittel viel zu wenig berücksichtigt und muß immer durch die vereinbarte Garantie und
die nachfolgende Untersuchung festgelegt und nachgeprüft
werden.

Im allgemeinen spricht man von einer schwachen,
mittleren und starken Düngung. Im folgenden seien

einige Anhaltspunkte mit Berücksichtigung des verschiedenen
Gehaltes der Düngemittel gegeben.

Schwach ist eine Düngung mit 12 Pfd. **Stickstoff**
auf das Tagwerk, wenn man also je Tagwerk 75 Pfd. Chilesalpeter (15,5%) oder 60 Pfd. schwefelsaures Ammoniak (20%)
gibt; mittel ist dieselbe, wenn man je Tagwerk die doppelte
obige Stickstoffmenge, also 25 Pfd., demnach in Form von Chilesalpeter 1½ Ztr. in 2—3 Gaben oder 1¼ Ztr. schwefelsaures
Ammoniak gibt und stark, wenn man die 3—4fache Menge
der genannten Stickstoff- bzw. Düngermenge verabfolgt.

Schwach ist eine Düngung mit 15 Pfd. **Phosphorsäure,** wenn man also je Tagwerk 100 Pfd. 15proz. Superphosphat oder 150 Pfd. 10proz. Superphosphat oder 100 Pfd.
15proz. Thomasmehl oder 75 Pfd. 20proz. Thomasmehl
gibt. Mittel ist sie, wenn man pro Tagwerk die doppelte
Phosphorsäuremenge in den genannten Phosphorsäuredüngemitteln und stark, wenn man die 3—4fache Menge
verabfolgt.

Schwach für Getreide und Kartoffeln, sehr schwach
für Rüben, die Futtergewächse und besonders für Wiesen
auf sandigen und moorartigen Böden ist eine Düngung
mit 20Pfd. **Kali**, wenn man also je Tagwerk 150 Pfd. Kainit
oder 50 Pfd. 40proz. Kalisalz gibt; mittel, wenn man die
doppelte Menge und stark, wenn man die vierfache Menge
der genannten Kalidüngemittel verabfolgt.

Je nach dem vorliegenden Nährstoffbedürfnis der Pflanze,
der Art des Bodens, der sonstigen Düngung mit Stallmist
und der angestrebten Höhe der Erträge, wird man also zu
einer schwachen oder stärkeren Zufuhr des einen oder anderen
Düngemittels greifen müssen. Dabei muß man aber immer
den Gehalt der Dünger an aufnehmbaren Nährstoffen berücksichtigen. In der jetzigen Zeit mit ihrem immer noch teilweisen
Mangel an Handelsdüngemitteln und deren hohen Preisen,
dünge man soweit wie möglich alle Felder, wenn dabei auch
schwächere Düngungen gegeben werden müssen. Ferner
wende man so weit als möglich, mindestens beim Ersatz
von fehlendem Stallmist, die Volldüngung mit allen
drei Hauptdüngerarten an. Einseitige Düngungen sind unsicher und oft wenig lohnend. Besonders achte man auf ge-

nügende Stickstoffgabe, ferner darauf, daß dem Boden der verhältnismäßig noch billige Kalk nicht fehle!

Im nachfolgenden seien für die wichtigsten Kulturpflanzen einige Anhaltspunkte für die zu bemessenden Düngermengen für einen guten Ernteertrag gegeben:

Bei **Roggen** auf schwerem, besseren Boden gebe man pro Tagwerk in Stalldünger im Frühjahr 50—75 Pfd. Natronsalpeter; ohne Stalldünger im Herbst 75—100 Pfd. schwefelsaures Ammoniak oder Kalkstickstoff, 1½—2 Ztr. Superphosphat; im Frühjahr noch 50—75 Pfd. Natronsalpeter.

Bei Roggen auf leichtem Boden gebe man in Stalldünger im Frühjahr 75—100 Pfd. Natronsalpeter; ohne Stalldünger im Herbst 30—50 Pfd. schwefelsaures Ammoniak, 3 Ztr. Kainit und 2—3 Ztr. Thomasmehl, im Frühjahr noch 1—1½ Ztr. Natronsalpeter, am besten in zwei Gaben.

Der Natronsalpeter als Kopfdünger wird besonders vom Roggen sehr gut ausgenützt. Fehlt solcher, dann kann schwefelsaures Ammoniak und letzten Endes auch Kalkstickstoff an seine Stelle treten.

Bei **Weizen** auf schwerem, besseren Boden gebe man pro Tagwerk in Stalldünger im Frühjahr 50—75 Pfd. schwefelsaures Ammoniak; ohne Stalldünger im Herbst 3 Ztr. Kainit oder 1 Ztr. 40proz. Kalisalz, 2—3 Ztr. Superphosphat oder beim Fehlen an solchem 2—3 Ztr. Thomasmehl und 50—75 Pfd. schwefelsaures Ammoniak oder Kalkstickstoff; im Frühjahr je nach Pflanzenstand und Nährstoffvorrat des Bodens 75—100 Pfd. schwefelsaures Ammoniak.

Bei Weizen auf geringem Weizenboden in Stalldünger im Frühjahr 75—100 Pfd. schwefelsaures Ammoniak; ohne Stalldünger im Herbst 3—4 Ztr. Kainit, 2—3 Ztr. Superphosphat oder Thomasmehl, und 30—50 Pfd. schwefelsaures Ammoniak oder Kalkstickstoff, im Frühjahr noch 1—1½ Ztr. schwefelsaures Ammoniak. — Da Weizen zur Lagerung neigt, verwendet man bei ihm lieber das langsamer wirkende schwefelsaure Ammoniak an Stelle von Salpeter.

Bei **Hafer** auf schwerem Boden gebe man pro Tagwerk in Stalldünger, wenn nötig, eine Kopfdüngung von 50—75 Pfd. schwefelsaures Ammoniak oder Natronsalpeter; ohne Stalldünger 1—1½ Ztr. Superphosphat, ½—1 Ztr. 40proz. Kalisalz und 1—1½ Ztr. schwefelsaures Ammoniak oder Kalkstickstoff.

Bei Hafer auf leichtem Boden in Stalldünger, wenn nötig 75—100 Pfd. schwefelsaures Ammoniak; ohne Stalldünger 2 Ztr. Thomasmehl, 2 Ztr. Kainit und 1—1½ Ztr. schwefelsaures Ammoniak oder Kalkstickstoff oder Natronsalpeter, letzteren möglichst als Kopfdünger in zwei Gaben.

Sommergerste ist im allgemeinen, um Lagern zu vermeiden und besonders gute Qualität zu erzielen, nicht in Stallmist anzubauen, sondern nach einer Frucht, die mit Stallmist gedüngt wurde, am besten nach Kartoffeln und Rüben; auf schweren Böden gebe man pro Tagwerk 3 Ztr. Kainit oder 1 Ztr. 40proz. Kalisalz, 1½—2 Ztr. Superphosphat oder bei Fehlen von diesem 1½—2 Ztr. Thomasmehl und 50—75 Pfd. schwefelsaures Ammoniak oder Kalkstickstoff; auf leichteren Böden 3 Ztr. Kainit, 2—3 Ztr. Thomasmehl und 100—125 Pfd. schwefelsaures Ammoniak.

Die **Zuckerrübe** benötigt sehr viel Stickstoff, Phosphorsäure und Kali. Sie ist besonders dankbar für eine Stallmistdüngung. Zuckerrüben in Stalldünger gebe man noch pro Tagwerk 1 Ztr. 40proz. Kalisalz, 1½—2 Ztr. Superphosphat und je nach der Beschaffenheit des Stalldüngers 1—1½ Ztr. Natronsalpeter. Zuckerrüben ohne Stalldünger verabfolge man 2 Ztr. 40proz. Kalisalz, 3 Ztr. Superphosphat und 2—3 Ztr. Salpeter in zwei oder drei Gaben (letzte Gabe spätestens Ende Juni). Es empfiehlt sich auch einen Teil der Stickstoffgabe bei der Bestellung in Form von schwefelsaurem Ammoniak, den Rest als Kopfdünger in Form von Salpeter zu verabfolgen.

Die **Futterrübe** stellt die gleich hohen Ansprüche wie die Zuckerrübe und sind die Kunstdüngermengen ähnlich wie bei dieser zu nehmen.

Die **Kartoffel** ist ganz besonders für eine Stallmistdüngung dankbar. Kartoffeln auf schweren Böden in Stallmist haben meist eine besondere Beidüngung nicht nötig. Ist der Stallmist weniger gut, so gebe man pro Tagwerk ½ Ztr. schwefelsaures Ammoniak. Ohne Stallmist gebe man 2 Ztr. 40proz. Kalisalz, 3 Ztr. Superphosphat und 1 Ztr. schwefelsaures Ammoniak oder Kalkstickstoff.

Kartoffeln auf leichteren Böden in Stalldünger 1 Ztr. 40proz. Kalisalz, 1—2 Ztr. Thomasmehl und 50—100 Pfd. schwefelsaures Ammoniak oder Kalkstickstoff; ohne Stallmist 2 Ztr. 40proz. Kalisalz, 3 Ztr. Thomasmehl und 1—2 Ztr. schwefelsaures Ammoniak oder Kalkstickstoff.

Bohnen, Erbsen und Wicken haben die Fähigkeit, Stickstoff aus der Luft aufzunehmen und sich selbst damit zu versorgen. Eine eigene Beidüngung mit stickstoffhaltigen Düngemitteln erübrigt sich daher meistens. Die Praxis lehrt aber, daß eine kleine Beidüngung von Stickstoff in Form von 30—50 Pfd. schwefelsaurem Ammoniak oder 50 Pfd. Salpeter pro Tagwerk oder einer kleinen Stallmistdüngung die Erträge erheblich steigert. Fast immer aber ist Kali und Phosphorsäure zu geben. Man gibt hiervon 2 Ztr. Superphosphat oder auf leichten Böden 2 Ztr. Thomasmehl, 3 Ztr. Kainit oder 1 Ztr. 40proz. Kalisalz pro Tagwerk.

Die **Kleearten** sind, trotzdem sie Stickstoffsammler sind, in ihrer ersten Entwicklung mitunter auf stickstoffarmen Böden für eine kleine Stickstoffgabe dankbar. Sie lohnen auch eine Stickstoffdüngung dann, wenn sie eine mangelhafte Entwicklung zeigen. 30—50 Pfd. Natronsalpeter pro Tagwerk sind hinreichend. Bleibt der Rotklee nur ein Jahr lang stehen und hat die Vorfrucht eine Kaliphosphatdüngung erhalten, so ist eine besondere Phosphorsäure- und Kalidüngung nicht nötig. Dagegen ist bei Luzerne, die mehrere Jahre zur Nutzung stehen bleibt, eine jährliche Düngung von 2—3 Ztr. Kainit und 3 Ztr. Thomasmehl im Herbste sehr angezeigt. Die Kleearten benötigen auch große Mengen Kalk. Wo dieselben regelmäßig Thomasmehl erhalten, wird der Kalkbedarf in der Hauptsache durch den Kalkgehalt des Thomasmehls gedeckt wo nicht, ist eine Düngung mit kohlensaurem Kalk oder Mergel auf kalkarmen Böden angezeigt.

Die **Wiesen und Weiden** haben ein ausgesprochenes Phosphorsäure- und Kalibedürfnis, während ein Stickstoffbedürfnis im allgemeinen nur auf solchen vorhanden ist, deren Pflanzenbestand hauptsächlich Gräser aufweist. Bei Wiesen, wo die Kleearten reichlich vorhanden sind, genügt eine regelmäßige Düngung mit 2 Ztr. Thomasmehl und 2 Ztr. Kainit. Graswüchsige Wiesen dagegen lohnen sehr häufig noch eine besondere Stickstoffdüngung, pro Tagwerk etwa 50 Pfd. schwefelsaures Ammoniak oder 75 Pfd. Salpeter.

Will man aber zur Vermeidung jeder Verschwendung an Düngerstoffen und damit zur Ver-
billigung der Düngung das Düngerbedürfnis eines
Ackerbodens und die Wirtschaftlichkeit der Düngemittel selbst genau feststellen, so sind **Düngungsversuche**
unerläßlich. Nur diese geben uns, wenn richtig angelegt
und durchgeführt, den sichersten Aufschluß; sie erfordern
aber viel Zeit, Mühe und vor allem Verständnis, weshalb
den Landwirten, die mit der Anwendung des Kunstdüngers
noch nicht ganz vertraut sind, unbedingt zu raten ist, sich wegen
Anlegung von Düngungsversuchen an den zuständigen Landwirtschaftslehrer und Fachberater zu wenden.

Was ist beim Kauf der Kunstdüngemittel unbedingt zu beachten?

Vor allem ist zu beachten, daß die Düngemittel in ihrem
Gehalt an Nährstoffen sehr verschieden sind; das Aussehen
und die Farbe sind aber gleich, ob mehr oder weniger Nährstoffe darin enthalten sind. Schon daraus geht hervor, daß
mit den Kunstdüngern viel Betrug getrieben werden kann.
Der Düngemittelschwindel war schon von jeher groß
und steht ganz besonders heute in Blüte. Düngemittel
mit nur allen erdenklichen hochtrabenden Namen und Anpreisungen werden in den Handel gebracht. Ihr Wert ist
meist ganz gering, ihr Preis aber um ein Vielfaches zu teuer.
Darum ist beim Ankauf von Düngemitteln größte
Vorsicht am Platze. Der kleine Landwirt schließe sich
mit anderen zusammen und beziehe wie der große Besitzer
seine Düngemittel waggonweise, sei es durch genossenschaft-
liche Lagerhäuser, Darlehenkassenvereine, landwirtschaftliche
Genossenschaftszentralen oder durch den reellen Handel.
Man kaufe nur gegen Gewährleistung eines bestimm-
ten Gehaltes an den 3 Hauptnährstoffen Stickstoff, Phosphorsäure oder Kali. Nach den bestehenden Verordnungen ist
dem Erwerber von künstlichen Düngemitteln eine Bescheinigung
auszustellen, aus der ersichtlich sind: 1. die Art des Düngemittels, 2. der Gehalt an Stickstoff, Phosphorsäure und
Kali nach Kiloprozenten, 3. die Form (Löslichkeit), in der
die wertbestimmenden Bestandteile enthalten sind. Die Land-

wirte müssen unbedingt darauf bestehen, daß ihnen seitens
der Händler oder Lagerhausverwalter eine schriftliche Ge-
haltsgarantie bei der Übergabe der Düngemittel ausgestellt
wird. Dieselben sind bei Strafe hiezu verpflichtet. Niemals lasse man sich durch den bloßen Namen,
aber auch nicht allein durch einen billigen Zentner-
preis verführen. Ist man im Zweifel über die Brauch-
barkeit eines Düngemittels, so frage man vor dem Kauf
erst bei seinem Landwirtschaftslehrer oder den Beratungs-
stellen der landwirtschaftlichen Körperschaften oder bei den
landwirtschaftlichen Versuchsstationen an, die alle kostenlos Auskunft erteilen. Niemals unterlasse man, das gilt besonders bei waggonweisem Bezug der Düngemittel, eine
nach Vorschrift entnommene Probe an einer landwirtschaftlichen Versuchsstation auf den Gehalt untersuchen zu lassen;
die Kosten hiefür sind sehr niedrig, meist werden die Gebühren
beim waggonweisen Bezug von der Genossenschaft oder vom
Fabrikanten bzw. Händler bezahlt. Der Kleinhändler übernimmt
die Kosten der Untersuchung nicht, aber auch er sollte den Nach-
weis erbringen, daß er die Ware hat untersuchen lassen. Die einzusendende **Probe** muß aber richtig gezogen werden, wenn man
später Ansprüche auf Rückzahlung usw. machen will, und man
darf die kleine Mühe, die die Probeentnahme erfordert, nicht
scheuen. Die zur Untersuchung einzusendende Düngerprobe ist
sofort nach Ankunft vom Empfänger in Gegenwart eines unpar-
teiischen Zeugen zu entnehmen. Die Proben werden am besten
mit Hilfe eines Probestechers jedem 5. bzw. 10. Sack entnommen
— dabei sind solche Säcke auszuschließen, die auf dem Trans-
port beschädigt oder naß geworden sind, — dann auf trockener
Unterlage sorgfältig miteinander gemischt und aus dieser
Mischung drei gleiche Durchschnittsmuster von je wenigstens
250 g entnommen, die dann in durchaus trockene und reine
Glas- oder Tonflaschen (Blechgefäße, Musterdüten, Holz-
kistchen sind unzulässig) gefüllt, luftdicht verschlossen und ver-
siegelt werden; sie sind mit Inhaltsangabe sowie Datum und
Wagennummer zu versehen. Eine Flasche geht an die landwirtschaftliche Versuchsstation (solche haben wir in
Bayern in Augsburg, Triesdorf, Würzburg, Speyer
und die Hauptversuchsanstalt für Landwirtschaft in München,

Luisenstr. 36); die beiden übrigen Flaschen werden für eine etwaige Nachuntersuchung zurückgehalten. Gleichzeitig mit der Probenahme ist ein Zeugnis auszufertigen, in dem anzugeben ist: Wagennummer, Lieferant, Ort und Tag des Abganges und der Ankunft, Menge, Sorte, Gehaltsgewähr und Zahl der Säcke, aus denen eine Probe entnommen wurde, sowie Art des Probegefäßes. Diese Probeentnahmebescheinigung muß sofort bei der Probenahme unterzeichnet werden. Ohne dieses Probenahmezeugnis haben die Muster für die Untersuchung keine Gültigkeit. Einspruch gegen eine zu beanstandende Lieferung hat sofort nach Erhalt des Untersuchungsresultats zu erfolgen.

Nur wenn der Landwirt mehr als bisher die Kunstdüngemittel auf den Gehalt untersuchen läßt, kann er sich vorübervorteilung schützen, und hievon muß er unbedingt mehr Gebrauch machen, wenn die Betrügereien auf dem Düngermarkt nicht noch weiter um sich greifen sollen.

Der Landwirt lasse sich nicht verleiten, von unbekannten Firmen zu beziehen oder auf marktschreierische Inserate in den Tageszeitungen oder auf zugeschickte Prospekte hereinzufallen. Er erkundige sich erst bei seinem zuständigen Landwirtschaftslehrer, schicke ihm die Inserate bezw. Prospekte zur Äußerung zu, bevor er bestelle. In den letzten Jahren haben sich viele neue Düngerhändler aufgetan, die meist keine Ahnung vom Kunstdüngergeschäft und noch weniger vom Kunstdünger selbst haben, und denen es vielfach nur daran liegt, zu verdienen. Darum Vorsicht vor diesen! Das Bayer. Staatsministerium für Landwirtschaft, das der Bekämpfung des Düngerschwindels seine größte Aufmerksamkeit zuwendet, hat eine eigene Überwachungsstelle für den Verkehr mit Kunstdünger bei der Bayer. Landeswucherabwehrstelle in München errichtet. Dieser Stelle obliegt es, dem Düngerschwindel nachzugehen. Sie kann aber nur segensreich für die Landwirtschaft wirken, wenn sie von den Landwirten draußen tatkräftigst unterstützt wird. Gegen Betrüger darf der Landwirt keine Rücksicht nehmen, sonst gelingt es niemals, den Düngerschwindel bei der Wurzel zu fassen.

Die Preise der Handelsdünger.

Für die künstlichen Düngemittel sind Höchstpreise bezw. Richtpreise festgesetzt. Auch der Verdienst für den Handel ist gesetzlich geregelt. Es werden die gesetzlichen Preise vielfach nicht eingehalten und die Düngemittel den Landwirten mit recht erheblichen ungerechtfertigten Aufschlägen aufgehängt. Darum ist es nötig, daß der Landwirt sich genau mit den jeweiligen Preisen vertraut macht. — So ist der Preis seit 1. Juni 1921 für:

1 kg Stickstoff im schwefels. Ammoniak, im Kaliammonsalpeter, im Gips- und Kalkammonsalpeter . . . . *. 14,50 M.

1 kg Stickstoff im Natronsalpeter . . . . . 17,50 „

1 kg Stickstoff im Kalkstickstoff . . . . . . 12,90 „

1 kg zitronensäurelösliche Phosphorsäure im Thomasmehl und Rhenaniaphosphat . . 5,— „

1 kg wasserlösliche Phosphorsäure im Superphosphat . . . . 7,10 „

1 kg Kali im Kainit 0,60 M., im Kalidüngesalz bei 18—22% 1,11 M., bei 38—42% 155,5 Pf.; im Chlorkalium (50%) 172,5 Pf.

Der Preis für 100 kg = 2 Ztr. schwefelsaures Ammoniak mit 20,5% Stickstoff errechnet sich demnach wie folgt: 20,5 × 14,5 = **297,25 M.** oder für den Ztr. 148,65 M.; für 100 kg Kalkstickstoff mit 18,5% Stickstoff = 18,5 × 12,90 = 238,65 M. oder für den Ztr. 119,35 M.; für 100 kg Natronsalpeter mit 15,8% Stickstoff = 15,8 × 17,50 = 276,50 M. oder für den Ztr. 138,25 M. Diese und die anderen aufgeführten Stickstoffdüngemittel werden lose zu diesen Höchstpreisen geliefert, wenn der Landwirt dieselben durch sein Lagerhaus bzw. Genossenschaftszentrale oder durch den Händler waggonweise ab Erzeugerwerk erwirbt. Der Preis versteht sich bei sofortiger Barzahlung. Werden diese Düngemittel aber zentnerweise vom Lagerhause oder Händler bezogen, so kommen zu den obigen Höchstpreisen noch 2,70 M. Handelszuschlag für 100 kg und 5% des Rechnungsendbetrages. Im Kleinbezug würden sich also 100 kg schwefelsaures Ammoniak

mit 20,5% Stickstoff dann stellen auf 297,25 M. + 2,70 M.
= 299,95 M., hiezu dann 5% von 299,95 M. gibt 15.— M.,
zusammen dann 315,— M. für den Doppelzentner oder
157,50 M. für den Ztr. schwefelsaures Ammoniak. 100 kg
Kalkstickstoff mit 18,5% kosten demnach im Kleinverkauf
(238,65 M. + 2,70 M.) + 5% = 253,40 M. oder der Ztr.
126,70 M.; 100 kg Natronsalpeter mit 15,8% Stickstoff dementsprechend (276,50 + 2,70 M.) + 5% = 293,20 M. oder
der Ztr. 146,60 M.

Werden Säcke dazugegeben, so dürfen diese gesondert
in Rechnung gestellt werden. Ebenso können noch besonders
0,60 M. pro 100 kg Füllgebühr berechnet werden. Auch
versteht sich dieser Kleinhandelspreis bei sofortiger Barzahlung und bei Abholung vom Lager oder Waggon.
Frachtkosten sind hier keine in Anschlag gebracht worden,
da die genannten Stickstoffdüngemittel wie auch Superphosphat frachtfrei Empfängerstation geliefert werden.

Der Preis für Thomasmehl und für die kalihaltigen
Düngemittel wie Kainit, Kalisalz usw. errechnet sich auf
die gleiche Weise wie der der Stickstoffdüngemittel, nur
kommen bei diesen noch die Frachtkosten dazu.

Bei waggonweisem Bezug von kalkhaltigen Düngemitteln wie Ätzkalk, kohlensaurem Kalk lasse man sich den
Gehalt an Ätzkalk bzw. kohlensaurem Kalk ebenfalls garantieren und erhole sich von verschiedenen Kalkwerken, deren
wir ja in Bayern genügend haben, bzw. vom Lagerhaus,
von der Genossenschaftszentrale oder vom Händler Angebote.
Für Kalk bestehen nur Richtpreise. Man versäume nicht,
eine Probe Kalk zur Untersuchung einzuschicken, da auch
hier oft minderwertige Abfallkalke, Kalkasche usw. in den
Handel gebracht werden, die die Fracht nicht lohnen. Die
Preise für Kalk sind ebenfalls infolge der allgemeinen Teuerung gestiegen, so daß sich eine Untersuchung auch hier lohnt.

Bei der Anwendung der künstlichen Düngemittel
seien zum Schlusse noch folgende zwei Gesichtspunkte zur besonderen Beachtung empfohlen:

1. Die sehr hohen Preise der Kunstdüngemittel zwingen
den Landwirt zu ihrer besonders sorgfältigen und wohlüberlegten Anwendung, bei der er sich möglichst des Rates

der Landwirtschaftslehrer bedienen soll; sie zwingen den Landwirt aber auch dazu, neben der Düngung, wenn sie sich lohnen
soll, auch für möglichst sorgfältige Bearbeitung, Saat
und Pflege der Felder zu sorgen.

2. Mit dem Rechenstift muß die Einträglichkeit
der Kunstdüngeraufwendung stets sorgfältig ver-
folgt werden. Wer verständig rechnet und daher auch gut
wirtschaftet, wird zuerst den Stallmist und die Jauche gut
sammeln, aufbewahren und verwenden und daneben noch,
so wie es.der Boden zur Erzielung von möglichst hohen Erträgen braucht, mit Überlegung auch Kunstdünger anwenden.

B. Die natürlichen Dünger.

Pflege von Stallmist und Jauche.

Durch sorgsames Sammeln und Aufbewahren der natür-
lichen Dünger, durch richtige Verwahrung von Harn und Kot
als Jauche und Mist kann der Landwirt dem Stickstoffmangel
abhelfen bzw. an den teuren, künstlichen Düngemitteln sparen.
Wie das geschehen kann, darüber machte Prof. Dr. Henkel,
der Vorstand der landwirtschaftlichen Hauptversuchsanstalt in
München nachfolgende äußerst beachtenswerte und insbesondere nachahmenswerte Mitteilungen:

1 l Harn enthält 10 g Stickstoff, 1½ g Phosphorsäure,
15½ g Kali, und alle diese Pflanzennährstoffe sind gelöst. In
1 l guter Jauche sind nur 2½ g Stickstoff. Das ist sogar noch
gute Jauche. Wohin ist der Stickstoff gekommen? Im Harn ist
Harnstoff und ähnliche Verbindungen. Der Harnstoff wird
aber sehr rasch zersetzt in kohlensaures Ammoniak. Das geht
sehr leicht in die Luft. Die Zersetzung beginnt schon im Stall;
auf dem Wege in die Jauchegrube und beim Eintröpfeln
in die Jauchegrube und in dieser selbst kann das Ammoniak
sehr leicht in die Luft gehen. Wir riechen es auch oft in den
Stallungen, besonders in Pferdestallungen. Also müssen
wir das Ammoniak am Entweichen hindern, wir müssen es
einsperren. Das ist der Kernpunkt der

Jauchepflege.

Die Jauche soll nicht lang in den Jaucherinnen liegen bleiben, diese sollen ein starkes Gefälle haben und womöglich bedeckt sein. Aus dem Stalle soll die Jauche rasch und nur in geschlossenen Röhren abgeleitet werden in die Jauchegrube, und zwar so, daß das Zuleitungsrohr der Jauche bis auf den Boden der Grube reicht; dann ist es immer durch die Flüssigkeit abgeschlossen. Das Jaucherohr darf ja nicht oben in die Grube münden, also

nicht so   sondern so.

Noch besser ist es, wenn auch im Stall ein Wasserverschluß angebracht ist (Gully) oder ein kleiner Senkkasten, so daß der Einlauf in das Ableitungsrohr auch immer mit Wasser bedeckt ist.

Dann ist das Ammoniak von oben und unten eingesperrt und kann auf dem Weg in die Grube nicht entweichen.

Damit das Ammoniak aus der Grube nicht verdunstet, muß die Grube gut abgeschlossen sein mit dicht aneinanderliegenden Bohlen oder seitlich behauenem Rundholz. Gut ist es, auf diese etwas feuchten Lehm oder Erde zu bringen zum Verschluß der Lücken.

Durch diese einfache Einrichtung kann man schon ¾ des Stickstoffes retten, so daß die Jauche noch 6—7 g Stickstoff im Liter enthalten kann, wenn nicht von außen Wasser dazu kommt.

Es soll das Tagwasser von der Grube ferngehalten werden, keine Dachrinne einmünden. Sonst ist die Grube bald voll und läuft über.

Natürlich darf man die Jauche auch nicht weglaufen lassen, nicht in den Hof und den Straßengraben. Da düngt man den Ozean. Auch wenn der Überlauf in eine Wiese geht, geht viel Stickstoff verloren und wird verschwendet. Um die Jauchegrube herum soll ein kleiner Graben gezogen sein, der das Regen- und Abwasser sammelt und wegleitet.

Es gibt noch bessere Einrichtungen, z. B. das Schepen-
dorfer Verfahren von Gutsbesitzer Ortmann. Wenn wir aber
die angegebenen, ganz einfachen Einrichtungen treffen, ist
schon sehr viel gewonnen.

Der Kot enthält im Kilogramm nahezu 6 g Stickstoff,
davon aber nur $1/10$ löslich, außerdem $2\frac{3}{4}$ g Phosphorsäure
und gegen $1\frac{1}{2}$ g Kali. Der Kot ist also hauptsächlich Stick-
stoff- und Phosphorsäuredünger, der Harn Stickstoff- und Kalidünger. Die Streu saugt einen Teil des Harns auf, und es
gelangt bald weniger, bald mehr Harn mit dem Kot in den
Mist. Der Kot beschleunigt aber die Zersetzung des Harns
sehr, und es wäre viel besser, nach dem ausgezeichneten Vorschlag
von Soxhlet den leicht sich zersetzenden Harn für sich in die
Jauchegrube zu sammeln und davon möglichst wenig auf die
Miststätte zu bringen. Während der langen Zeit, während
welcher der Stallmist verrottet, kann der größte Teil des leicht
löslichen und leicht zersetzbaren Harnstickstoffs in die Luft
gehen und mit ihm noch ein Teil des Kotstickstoffs. Wir düngen
den Himmel. Ein Begießen des trockenen Mistes mit
Jauche ist darum ganz fehlerhaft. Da geht der
Jauchestickstoff erst recht verloren. Wenn man den
Mist anfeuchten will, dann nehme man Wasser.

Was haben wir also zu tun? 1. Möglichst den Harn für
sich in der Jauchegrube zu verwahren und 2. der Pflege des
Mistes auch entsprechende Sorgfalt zuzuwenden. Wie ist
das zu machen? Für die

Pflege des Mistes

gilt der Grundsatz: Feucht und fest. Das heißt, der Mist
soll möglichst gut durchfeuchtet, mit dem Kot gut gemischt,
nicht allzu strohig sein. Das wird besonders erreicht durch
Schneiden des Streustrohes. Wenn es möglich ist, sollte
man das Stroh abhacken, oder noch einfacher, durch die Häcksel-
maschine laufen lassen. So kurzes Stroh saugt die Feuchtigkeit des Kotes und Harns besser auf, die Tiere haben ein trockenes Lager, man spart Streu, der Mist ist gleichmäßiger und
leichter auszubringen. Auf dem Misthaufen legt sich solcher
Mist viel fester, also: Fest und feucht. Das Ausbringen aufs
Feld und Ausbreiten geht leichter, das Einackern besser und

das Auswaschen und „Hineinwachsen" auf der Wiese schneller;
lauter Vorteile des Schneidens der Streu. Die feste Lagerung
hat den besonderen Vorteil, daß wenig Luft im Mist bleibt.
Die Luft schadet, weil sie die Gärung und Verwesung und
die Ammoniakbildung beschleunigt, so daß viel Stickstoff verloren geht. Fest gepackter, feuchter Mist wird auch bei der
Gärung nicht zu warm, er „verbrennt" nicht; ohne Luft kann
sich kein Salpeter bilden, der bei der Zersetzung seinen Stickstoff frei entweichen läßt.

Es ist auch ganz verkehrt, den Mist immer über
die ganze Düngerstätte auszubreiten. Gerade wo
man es recht gut machen will und täglich sorgfältig den Mist
ausbreitet, da macht man einen großen Fehler, befördert die
Verluste. Der über die ganze Fläche ausgebreitete Mist ver-
trocknet oben, mit dem Wasser verdunstet das Ammoniak, der
Regen wäscht die Nährstoffe aus. Der Mist soll der Sonne,
dem Wind, dem Regen eine möglichst geringe Oberfläche
bieten. Seit Jahren habe ich an der Kindermilchanstalt des milch-
wirtschaftlichen Instituts Weihenstephan durch das sogenannte

Kastl-System

ausgezeichneten Dünger erhalten. Wie erwähnt, wird die
Streu geschnitten, dann wird nur ein kleiner Teil der Dung-
stätte mit Mist bedeckt, der viereckige Haufen so hoch gemacht,
als man hinaufreichen kann. Nach dem jedesmaligen Aufbringen
wird der Mist mit der Gabel oder Schaufel fest geschlagen.
Die Seitenlänge eines Haufens ist verschieden, je nach der
Größe des Viehstandes. Ist der Haufen in wenigen Tagen
so hoch, als überhaupt der Misthaufen sonst wird, dann wird
obenauf Erde geschaufelt und festgetreten. Mit einer Hacke
macht man die Wände glatt. Der Mist ist jetzt geborgen. Man
setzt dann den nächsten Haufen hart daneben, damit ist schon
wieder eine Seite geschützt. Die Reihenfolge veranschaulicht
folgende Zeichnung. Sozusagen ein Kastl ans andere. Sie

1	4	7	10
2	5	8	11
3	6	9	12

kann auch eine andere sein, je nachdem
man eben anfahren kann. Außer durch
glattes Abhacken der Seiten kann man
die Einwirkung der Luft noch verhindern
durch Bewerfen der freien Seite mit
einem Erdbrei. Das geht mit der Schaufel

sehr leicht. Erde muß immer neben dem Misthaufen liegen,
man braucht sie ja auch zum Abdecken. Beim Ausfahren
packt man die erste Reihe an, 3, 2, 1; dann 6, 5, 4 usw. So
hat man immer Mist von annähernd gleichem Alter, also
gleich gut verrotteten, nicht wie bei der gewöhnlichen Lagerung
Mist, der unten schon ganz überreif ist und oben noch strohig.
Es ist nämlich nicht nötig, vielmehr schädlich, wenn das Stroh
ganz verfault. Dann geht Kohlenstoff, der für die Pflanzen-
ernährung eine so große Bedeutung hat, die man ganz über-
sieht, als Kohlensäure verloren. Diese nimmt auch das Ammoniak mit fort. Bei richtiger Behandlung des Stallmistes
verwahrt man also nicht bloß den Stickstoff, sondern auch
Kohlenstoff. Bei meinem kleineren Viehbestand habe ich die
Seitenlänge 1½ m genommen, das gab dann 12 Haufen.
Die oben aufgefüllte Erde preßt den ganzen Haufen andauernd
und schließt ihn oben ab. Im Frühjahr und Sommer kann
man oben auf die Erde noch etwas Heublumen säen. Der
Graswuchs schließt dann noch besser ab.

Durch den Druck der oberen Mistschichten und der Erde
wird auch etwas Mistsaft ausgepreßt. Diesen lasse man ja
nicht weglaufen, er enthält gelöste Nährstoffe. Den kann
man in die Jauchegrube leiten, oder, wo das nicht möglich
ist, mit Erde aufsaugen lassen. Um den Misthaufen herum
schütte man einen kleinen Bifang Erde auf, der saugt den Saft
auf. Ist er durchtränkt, so kommt die Erde auf den Mist.

Hat man eine ummauerte Miststätte, so stellt man zweck-
mäßig alte Bretter oder Schwartlinge aufrecht an die Mauer,
so daß man gewissermaßen eine Fortsetzung der Mauer erhält. Dann ist die Außenseite des Mistes auch wieder mehr geschützt. Im anderen Falle hilft man sich mit dem Bewerfen
mit Erdbrei.

Will man den Misthaufen recht hoch machen, so kann man
in der gleichen Reihenfolge ein zweites Stockwerk aufsetzen.
Die Vorteile dieses Verfahrens liegen in folgendem: 1. Den
Stickstoffverlusten wird vorgebeugt, 2. die Nährstoffe werden
nicht ausgewaschen, 3. der Mist verrottet schnell, 4. alter und
jüngerer Mist sind getrennt, 5. solcher Mist kann ohne Gefahr
des Verbrennens oder Verschimmelns beliebig lange liegen.

Wird die Miststätte zu klein, so kann man die alten Kasteln aufs Feld fahren und wieder in einen großen Haufen setzen, den man in gleicher Weise behandelt und mit Erde bedeckt.

Zu erwähnen ist noch der Kompost. Ein Komposthaufen sollte nirgends fehlen, beim Hof und auf dem Feld, besonders auf Wiesen. Erde, Rasen, Straßenkot, Asche, Hof- und Hauskehricht, Küchenabfälle, alle Pflanzenreste, die nicht verfüttert werden können, verdorbenes Futter, Laub, Holzasche, Haare, Wolle- und Federnabfälle, Kunstdünger-Kehricht, kurz alles, was verwesen kann und Nährasche enthält, gehört auf den Komposthaufen. Man vergesse nicht, der Kohlenstoff düngt .auch. Nichts wegwerfen! Gut ist es, wenn man von Zeit zu Zeit etwas Kalk oder Bauschutt beimischt. Ab und zu kann man auch einige Schapfen Jauche übergießen. Man hebt oben auf dem Haufen Erde ab und legt sie am Rand ab, so daß oben eine Mulde sich bildet, in die man die Jauche eingießt. Dann deckt man sie wieder mit der Erde zu, wie es die Katze macht. So bekommt man ausgezeichneten Dünger. Das Abfallsammeln ist eine Samstagsarbeit. Beim Ziehen und Reinigen von Gräben in Wiesen, Putzen der Weiher, fahre man Erde und Rasen zusammen zu einem Komposthaufen. Man vergesse da nicht Kalk .beizugeben! Auch eine Kleinigkeit Mist kann man mit einschichten, das bringt Leben in die Masse, nämlich viele Verwesungskeime. Die sind bei der Düngung auch besonders wichtig. Nachdem so ein Haufen ein Jahr lang gelegen und gegoren hat, sticht man ihn um und gibt noch einmal etwas Jauche oder Mist zur Belebung und läßt ihn noch ein‿Jahr liegen. Für Wiesen kann es keinen besseren Dünger geben als Kompost. Er dient zum Ausebnen, erhöht die Humusschichte. Die Gärtner schätzen den Kompost über alles. „Das ist das Beefsteak für die Pflanze", schrieb mir einmal einer, und er hat recht.

So können wir durch richtige Behandlung von Jauche und Stallmist und Kompostbereitung unserer Landwirtschaft den nötigsten Stickstoff verschaffen, auch wenn wir keinen Stickstoffdünger bekommen. Auch wenn es wieder genug zu kaufen gibt, müssen wir die Nährstoffe in unseren Wirtschaftsdüngern erhalten und dürfen sie unseren Händen nicht entgleiten lassen. Fleiß und Verständnis sind die billigsten Konservierungsmittel. Wer Dünger wegwirft, wirft Brot weg und wirft Fleisch weg, und das kann er vor sich und vor seinen Mitbürgern nicht verantworten. Das darf er einfach nicht."

Die Behandlung des Mistes auf dem Felde.

Der Stalldünger soll auf dem Felde in möglichst gleichmäßigen Haufen in geraden Reihen und gleichen Abständen abgeladen und so schnell als möglich sorgfältig gebreitet und untergepflügt werden. Den Dünger in kleinen Haufen liegen zu lassen, ist unter allen Umständen zu verwerfen. Es wird auf diese Weise leider noch vielfach die schlimmste Verschwendung mit Stickstoff und Masse getrieben und ist dies viel schlimmer als die nachlässige Behandlung auf der Düngerstätte. Schon innerhalb weniger Tage verliert der Mist bedeutende Mengen an düngenden Bestandteilen. Die Stellen, auf denen der Mist lagert, erhalten eine zu reichliche Düngung, der übrige Teil des Feldes eine zu geringe. Es entstehen die bekannten Geilstellen, Zeichen der nachlässigen Behandlung des Mistes auf dem Felde. Man kann sich kaum eine größere Verschwendung denken, als wenn man den Mist in kleinen Haufen auf dem Felde lange Zeit liegen läßt, wie man das leider nur zu oft beobachten kann. Es ist im allgemeinen dringend anzuraten, nicht mehr Mist an einem Tage auszufahren, als man an demselben Tage auch noch breiten kann. Auf hügligem Gelände, wo man unter Umständen das Abschwemmen des Düngers befürchten muß, soll nur so viel Mist täglich angefahren werden, als gebreitet und untergepflügt werden kann. Das sofortige Breiten des Mistes und Liegenlassen im gebreiteten Zustand geht auch nicht ohne Verluste vor sich. Durch Sonnenschein und Wind geht viel Stickstoff verloren. Bei gebreitetem Mist ist dagegen ein großer Verlust an Masse nicht mehr zu befürchten und durch die gleichmäßige Verteilung des Düngers auf dem Boden wird ein großer Teil des entweichenden Ammoniaks vom Boden festgehalten. Wesentlich geringer sind die Verluste, namentlich an Stickstoff, wenn nach dem Breiten Regenwetter eintritt, der lösliche Stickstoff gelangt dabei durch das Wasser in den Boden. Zu verwerfen

ist, den Dünger während des Winters auf der Oberfläche
des Feldes gebreitet liegen zu lassen oder ihn auszufahren,
wenn der Boden gefroren ist. Bis dann der Mist eingepflügt werden kann, ist der wertvollste Bestandteil des Mistes,
das Ammoniak, in die Luft, es kann in den gefrorenen Boden
nicht einsickern. Ein solcher Dünger hat für die Sommerfrüchte,
die schnell aufnehmbare Nährstoffe im Boden auffinden sollen,
nur wenig Wert mehr.

Es empfiehlt sich, den Stalldünger nur in den Monaten
September bis Dezember auszubreiten und unterzupflügen
und den später anfallenden Mist, soweit er nicht in der Dung-
stätte bleiben kann, am Rande der Felder, die abgedüngt
werden sollen in großen Haufen bis zur nächsten Bedarfszeit
gut bedeckt liegen zu lassen. Auch hier ist mit großer Sorgfalt zu Werke zu gehen, damit die Verluste an Masse und
Beschaffenheit möglichst gering sind. Es hat sich in der Praxis
bewährt, den Haufen so anzulegen, daß ein kreisrunder Haufen
entsteht. Auf die Sohle des Haufens bringt man eine starke
Schicht grob geschnittenes Stroh und Häcksel oder besser noch
trockenen Torf, damit von ihr die etwa austretende Jauche
aufgesaugt werden kann. Sodann wird der Mist schichten-
weise ausgebreitet, jede Schicht sorgfältig festgetreten
und mit Erde bestreut. Zum Schlusse wird der fertige
Haufen oben und an den Seiten mit einer starken Schicht
Erde bedeckt. Bei einem kreisrunden Haufen ist die Außen-
fläche geringer als bei einer langen Form. Auf diese Weise
ist es möglich, den Dünger gut aufzubewahren, ohne daß
wesentliche Änderungen in seiner Beschaffenheit vor sich gehen.
Die als Grundlage dienende Erde ist beim späteren Ausein-
anderfahren des Haufens bis zu $\frac{1}{4}$ m Tiefe auszuheben und
auf dem Felde zu verteilen, da in ihr meist viele lösliche Nährstoffe eingedrungen sind.

Aus den Ausführungen geht also hervor, daß
zu der sorgfältigen Pflege des Mistes auf der
Düngerstätte auch noch eine sachgemäße Behandlung
des Düngers auf dem Felde dringend vonnöten
ist, wenn der Dünger möglichst zur Wirkung
kommen soll.

Die Anwendung des Stallmistes.

Von großer Bedeutung ist das Unterpflügen des Düngers. Dasselbe hat so zu geschehen, daß der Mist im Boden verwest und nicht vertorft. Zu diesem Zweck muß der Sauerstoff der Luft Zutritt haben zum untergepflügten Mist, damit die Verwesung vor sich gehen kann. Ein zu tiefes Unterpflügen ist daher zu vermeiden. Je schwerer und undurchlässiger der Boden ist, desto nachteiliger ist ein tiefes Unterpflügen. In leichtere Böden bringt die Luft besser ein, weshalb hier ein tieferes Unterbringen angezeigt ist. Die erfahrenen Praktiker haben es gerne, wenn nach dem Unterpflügen des Mistes hin und wieder ein Strohhalm aus dem Boden hervorschaut. Das Stroh stellt einen Luftkanal her, durch den die im Boden tätigen Bakterien mit Atemluft versehen werden. Besonders gewarnt muß werden vor dem nassen und tiefen Unterpflügen des Düngers auf schweren Böden im Frühjahr, dagegen ist ein nasses Unterpflügen im Spätherbst oder im Winter weniger bedenklich, da der spätere Frost den Boden lockert und der Luft Zutritt zum Dünger verschafft.

Der Stalldünger wirkt am besten im schweren und mittelschweren Boden, im leichten Boden dagegen zu unsicher, da er sich hier bei trockener Witterung zu schnell zersetzt. Daher die alte Regel, leichtere und hitzige Böden häufiger, aber mit kleineren Gaben Stallmist zu düngen. Schwere, kalte und nasse Böden will man vielfach durch möglichst starke Stallmistgaben verbessern, was meist nicht den gewünschten Erfolg bringt. Hier ist zuerst eine Drainage und Kalkung meist besser am Platze. Auf schweren Böden, auf denen eine volle Stallmistausnutzung zu erwarten ist, kann man alle 3—4 Jahre ca. 200 Ztr. Stallmist pro Tagwerk bringen, leichteren Böden gebe man, wenn möglich alle 3 Jahre, ca. 150 Ztr. Stalldung. Die Stärke der Stallmistdüngung muß sich natürlich nach den Ansprüchen der Kulturpflanzen und nach der Güte des Stallmistes richten. Zu große Gaben von Stallmist sind eine Verschwendung, da sie von den Pflanzen nicht genügend ausgenützt werden können.

Am besten wird der Stallmist von der Kartoffel ausgenützt, dann folgen die verschiedenen Rübenarten und sonstigen

Wurzelgewächse. Bei Aufstellung des Düngungsplanes sollte man an erster Stelle immer die Kartoffeln mit Stallmist versorgen, sodann die Rüben. Gute Stallmistverwerter sind sodann die Ölfrüchte, insbesondere Raps und Mohn, ferner Hopfen und Rebkulturen. Weniger dankbar für eine Stallmistdüngung sind die Getreidearten, da sie die Nährstoffe des Stallmistes nicht genügend ausnützen.

Die Verwendung der Jauche auf dem Felde.

Auf allen tiefgründigen, besseren und schwereren Böden kann die Jauche im Herbst, Winter und Frühjahr zur Anwendung kommen. Auf durchlässigen Sandböden wende man die Jauche nur im Frühjahr an, da im Herbst gegeben, der Stickstoff der Jauche durch Auswaschen während des Winters zum großen Teil verloren geht. Die Jauche wirkt am sichersten, wenn sie gut in den Boden gebracht wird. Überall, wo es möglich ist, pflüge man die unmittelbar vorher auf den Acker gebrachte Jauche unter, zum mindesten krümmere man sie 10—15 cm tief ein. Ein bloßes Eineggen vermag große Stickstoffverluste nicht zu verhindern. Wird die Jauche als Kopfdünger zu Getreide usw. gegeben, so erleidet sie große Stickstoffverluste. Je mehr nach Aufbringung der Jauche trockene Witterung herrscht, desto schlechter wirkt die Jauche und umgekehrt, je mehr Niederschläge fallen und je weniger der Boden durch Wind und Sonne ausgetrocknet wird, desto besser ist die Wirkung der Jauche als Kopfdünger. In neuerer Zeit hat man sog. Jauchedrills konstruiert. Durch diese gelangt die Jauche aus dem Faß, ohne daß sie mit der Luft in Berührung kommt, durch Drillröhren 10 bis 15 cm tief in den Boden, wo das flüchtige Ammoniak sofort aufgesogen wird und nicht in die Luft entweichen kann. Recht brauchbare Jauchedrills werden hergestellt von den Firmen Paul Plath-Solingen, Drescher-Halle, Paul Hörenz-Halle. Mittels dieser Jauchedrills kann die Düngung mit Jauche auch bei trockenem Wetter und unabhängig von der Saatzeit vorgenommen werden.

Die Jauche enthält vorzugsweise Stickstoff und Kali in leichtlöslicher Form, und zwar erheblich mehr als der Stall=

mist; sie ist auch reich an Bakterien. Die Jauche sollte den Pflanzen zu der Zeit zugeführt werden, in der diese die Pflanzennährstoffe am besten verwerten können. Das ist im Frühjahr oder zu Anfang des Sommers. Man gibt Jauche zu Rüben, Sommergetreide, Raps, Mais, Gemüse und auf Wiesen und Weiden, und zwar kurz vor der Saat und pflügt sie sofort unter. Fehlt es zu dieser Zeit an Gespannen und Arbeitskräften, so kann man mittels der obenerwähnten Jauchedrills die Jauche zu den Hackfrüchten und zu Sommergetreide auch später geben. Besonders die Rüben und von den Sommerhalmfrüchten der Hafer lohnen eine Jauchedüngung.

Der hohe Stickstoff- und Kaligehalt sowie der Bakterienreichtum der Jauche müssen den Landwirt mehr als bisher veranlassen, dieselbe sorgfältig zu sammeln, aufzubewahren und anzuwenden.

Die Gründüngung.

Unter Gründüngung versteht man das Einackern von grünen Pflanzen. Dadurch wird der Boden mit organischen Stoffen und vor allem mit Stickstoff angereichert. Für die Gründüngung wählt man fast ausschließlich schmetterlingsblütige Pflanzen und Hülsenfrüchte. Diese können mit Hilfe der in ihren Wurzelknöllchen lebenden Bakterien den Stickstoff der Luft zu ihrer Ernährung verwerten und dem Boden möglichst große Mengen von Stickstoff zuführen. Eine gutgelungene Gründüngung bildet daher auch einen Ersatz für die teuren künstlichen Stickstoffdüngemittel und ebenso für den Stallmist. Durch Einackerung der Gründüngungspflanzen werden dem Boden wie bei einer Stallmistdüngung größere Mengen organischer Substanz zugeführt, durch deren Zersetzung der Boden an Humus und Kohlensäure angereichert wird, was wiederum das Bakterienleben im Boden sehr günstig beeinflußt. Zu beachten ist aber, daß durch Gründüngung Phosphorsäure und Kali dem Boden nicht zugeführt werden, wie dies in hohem Maße bei einer Stallmistdüngung der Fall ist. Viele Gründüngungspflanzen wie die Lupinen, Ackerbohnen und Kleearten besitzen tiefgehende Wurzeln, mit denen sie in den Untergrund eindringen, dort vorhandene Nährstoffe sich

nutzbar machen, den Nachfrüchten das Eindringen ihrer Wurzeln in tiefere und feuchtere Bodenschichten ermöglichen und
so zum Gedeihen der Nachfrüchte wesentlich beitragen.

Die Gründüngung kommt fast für alle Bodenarten in
Betracht. Von großer Bedeutung ist sie besonders für die
leichteren und sandigen Böden, für die eine Bereicherung mit
Stickstoff und organischer Substanz besonders geboten ist. Die
Erfahrung hat gelehrt, daß leichte Böden die Gründüngung
besser ausnützen als eine Stallmistdüngung, während von den
schwereren Böden die Stallmistdüngung besser verwertet wird.
Auch ist die Nachwirkung der Gründüngung auf besseren Böden
erheblich höher als auf leichten. Von großer Wichtigkeit ist
weiters die Art und Zeit der Unterbringung der Gründüngung.
Auf leichten Böden soll man die Gründüngung nicht tiefer als
10—25 cm unterbringen, und zwar erst im Spätherbst, Winter
oder im zeitigen Frühjahr. Die Gründüngung auf leichten
Böden schon im zeitigen Herbst unterzupflügen, ist ein großer
Fehler, da sich dieselbe in tätigen Böden schnell zersetzt und große
Stickstoffverluste entstehen. Auf schwereren Böden empfiehlt
sich dagegen ein mehr flaches als tiefes Unterpflügen im Herbst
schon, da hier die Zersetzung der Gründüngungsmassen langsamer vor sich geht und größere Verluste nicht zu befürchten sind.

Die Gründüngung kann ausgeführt werden 1. als Hauptfrucht, 2. als Untersaat, 3. als Stoppelsaat.

Die Gründüngung als Hauptfrucht kann nur für ganz
arme, heruntergewirtschaftete bzw. verunkrautete Böden in
Betracht kommen, da man unter anderen Verhältnissen wohl
nicht gerne auf eine ganze Ernte verzichtet. In Betracht
hierfür kommt nur die gelbe oder blaue Lupine.

Die Gründüngung als Untersaat hat sich sowohl auf
leichten und schweren Böden als auch in feuchten und trok-
kenen Gegenden gut bewährt. Für die Untersaat kommen
die verschiedenen Kleearten, besonders die Serradella, in
Betracht, deren Hauptentwicklung in die Zeit nach der Ab-
erntung der Oberfrucht und deren Unterbringung in den
Spätherbst fällt. Diese Untersaaten bieten auch die Möglichkeit, sie im Bedarfsfalle als vorzügliches Futter benützen zu
können. Sollen diese gut gedeihen, so ist die Überfrucht reichlich mit Kali und Phosphorsäure, also mit Thomasmehl und

Kainit zu versorgen, die man am besten im Herbst oder zei=
tigen Frühjahr verabfolgt. Beim Schnitt der Überfrucht lasse
man möglichst hohe Stoppeln stehen, um die Untersaat nicht
zu verletzen. Gedeiht die Unterfrucht nicht gut, so ackere man
sie wegen der Gefahr der Verunkrautung des Feldes sofort
unter. Als Überfrucht eignet sich am besten die Wintergerste,
der Winterroggen und die Sommergerste, da diese das Feld
frühzeitig räumen und sich die Untersaat sodann gut ent=
wickeln kann. Für die Untersaat kommt die Serradella als
die hervorragendste Gründüngungspflanze in Betracht. Sie
wurzelt tief, weshalb sie selbst auf leichten Sandböden gut
fortkommt. Sie wird auch als „Klee des Sandes" bezeichnet.
Man versäume nicht, das Serradellasaatgut zu impfen (Impf=
stoff mit Anweisung ist billig durch die Landesanstalt für
Pflanzenbau= und Pflanzenschutz in München, Osterwald=
straße 9f, zu beziehen), die Saatstärke nicht zu gering zu
wählen (25—35 Pfd. pro Tagwerk) und nur gut keim=
fähiges Saatgut zu kaufen. Auf leicht austrocknenden Böden
säe man die Serradella schon Mitte März in die Winterfrucht.
Wo sie besonders gut gedeiht, säe man sie nicht allzu früh,
damit sie nicht die Deckfrucht schädigt. Man kann sie breit=
würfig säen und eggt sie dann leicht ein oder man drillt sie
bei trockenem Anbauwetter am besten. Für die Untersaat
kommen dann noch in Betracht der Gelbklee, welcher be=
sonders für die schweren Böden geeignet ist, der Bastard=
oder Schwedenklee, der besonders feuchtes Klima liebt,
der weniger anspruchsvolle Weißklee, der tiefwurzelnde
Bokhara= oder weiße Steinklee, der auf schwerem,
leichtem und steinigem Boden gut gedeiht, und weiters auch
der zur Genüge als Futterpflanze bekannte Rotklee, der
vielerorts auch zu Gründüngungszwecken herangezogen wird,
besonders dort, wo selbst gebauter Samen zur Verfügung
steht.

Die Gründüngung als Stoppelsaat setzt zu ihrem Ge=
lingen genügende Bodenfeuchtigkeit zur Zeit der Saat, aus=
reichende Niederschläge während des Wachstums und zur
kräftigen Entwicklung einen langen Herbst voraus. Je früher
die Stoppelsaat erfolgen kann, desto besser. Außer
nach Wintergerste und Winterroggen kann sie nach Winter=

raps und unter Umständen auch nach Frühkartoffeln folgen.
Man baut am liebsten Gemische von Leguminosen, da sich
diese rascher entwickeln und viel sicherer sind als Reinsaaten.
Gut bewährt hat sich ein Gemisch von Pferdebohnen mit
Erbsen, Wicken, Peluschken und mit Lupinen (pro Tagwerk
ca. 150 Pfd.). Das Mischungsverhältnis kann je nach Boden
und verfügbarem Saatgut verschieden sein. Auf leichteren
Bodenarten empfiehlt sich auch der Anbau von einer Misch-
oder Reinsaat aus blauen, gelben oder weißen Lupinen,
Peluschken und Bohnen. Wichtig ist, zu beachten, daß die
gelben und blauen Lupinen sehr kalkempfindlich sind, nicht
dagegen die weißen Lupinen.

Die Gründüngung wird am besten ausgenützt von den verschiedenen Hackfrüchten, so vor allem von den Kartoffeln
und Rüben, ebenfalls gut von Hafer und auf ärmeren Sandböden auch von Winterroggen. Zur untergepflügten Gründüngung empfiehlt sich eine Beidüngung von 2—3 Ztr.
Thomasmehl und 2—3 Ztr. Kainit pro Tagwerk auf leichten
Böden und von 2—3 Ztr. Superphosphat und 1 Ztr. 40proz.
Kalisalz auf schweren Böden; letztere Gaben besonders zu
Rüben und Kartoffeln. Ist die Gründüngung gut geraten,
so ist eine Beidüngung von Stickstoff meist nur bei Rüben,
und zwar in Form von Salpeter angezeigt. Eine Beidüngung
von Stalldünger in geringem Maße ist zur Förderung des
Zersetzungsvorganges der Gründüngungsmassen empfehlens-
wert, besonders auf schweren Böden.

Die Gründüngung hat bis jetzt in Bayern nur wenig
Beachtung gefunden, trotzdem die Verhältnisse in vielen Gegenden für eine Anwendung der Gründüngung sprechen. Es kann
den Landwirten nicht dringend genug geraten werden, mehr
als bisher die Gründüngung zwecks Verbesserung der Bodenbeschaffenheit durch Anreicherung von Humus und zwecks
Gewinnung von Stickstoff zur Einsparung von teuren, künstlichen Stickstoffdüngemitteln einzuführen. Die Landwirtschaftslehrer bzw. die schon obengenannte Landesanstalt für
Pflanzenschutz und Pflanzenbau in München gehen den Landwirten gerne an die Hand und besorgen auch das notwendige
Saatgut und die event. benötigten Impfstoffe.

Als **Schlußwort** sei aber allen strebsamen Landwirten zugerufen:

Haltet wert den in der Wirtschaft selbst er=zeugten Dünger, den Stallmist und die Jauche, auch den Kompost, behandelt diese Grunddünge=mittel gerade jetzt so pfleglich wie möglich! Be=seitigt da mit erprobter Bauernzähigkeit alle die noch fast überall eingebürgerten schweren Fehler!

Führt überall, wo sie hinpaßt, auch die Grün=düngung mit hiefür geeigneten Pflanzen ein!

Ergänzt aber die natürliche Düngung mit Über=legung und Sachkenntnis durch eine solche mit Han=delsdüngern, denn nur so kommen wir wieder zu höheren Erträgen aus Feld, Wiese und Weide, aus Hof und Stall! Möge hier das Beispiel fortschrittlicher Nachbarn und deren Rat überall anregend wirken! Mögen aber auch die gut gemeinten Worte der Auf=klärung in dieser kurzen Schrift bei jung und alt, in Schule und Haus, beim Acker= und beim Wiesenwirt überall Gehör und Beachtung finden!

Beachtet immer, daß die ehrenvollste Aufgabe für die Landwirte die ist, die so erheblich zurück=gegangenen Ernteerträge wieder zu heben, um so die Ernährungs= und Wirtschaftslage unseres armen Vaterlandes zu bessern.

MORGENROTE

Kein Trugbild ist's, — kein leerer Traum
Der Landmann schaut's, er wird's erleben;
Wer seinem Boden Kali hat gegeben —
Füllt sicher seiner Scheuern Raum! —

Ratschläge und Auskunft über die richtige
Anwendung künstlicher Düngemittel erteilt
kostenlos die Agrikultur-Abteilung:
Deutsches Kalisyndikat G.m.b.H.
Berlin S.W.11 Dessauerstr. 28-29

* 9 7 8 3 4 8 6 7 4 6 4 1 9 *

DIE IDEE
DES MENSCHEN

EIN BEITRAG

ZUR METAPHYSISCHEN ANTHROPOLOGIE

VON

HEINRICH SCHALLER

MÜNCHEN UND BERLIN 1935

VERLAG VON R. OLDENBOURG

INHALT

Alle Rechte, einschließlich des Übersetzungsrechtes, vorbehalten

Druck von R. Oldenbourg, München

DASEIN UND WACHSEIN

Die philosophische Anthropologie[1]) umfaßt nicht nur
die Frage nach dem körperlich-geistigen Dasein des Menschen,
sondern auch die Frage nach Sinn, Wesen und Bestimmung des
Menschen im Kosmos, insofern das metaphysische Wesen den kosmischen Sinn in sich einschließt. Nun begreift man das Wesen
der Dinge auf dem Wege der Abstraktion nur im Vergleich mit
anderen Dingen, beim Menschen aber genügt das nicht, es bleibt
ein Rest von ausschlaggebender Bedeutung, insofern er das letzte
Geschöpf des Weltalls darstellt, das in steter Entwicklung begriffen
ist und jenseits des Todes Möglichkeiten ahnt, auf die es gerade
ankommt. Dies erschwert seine Erkenntnis und die Frage, welche
Idee die ewige Schöpferkraft mit ihm verfolge, ganz ungemein,
und es ist kein Wunder, wenn die Meinungen der Menschen über
sich selbst so weit auseinandergehen. So hat man den Menschen
ein *ζωον πολιτικον* genannt, obwohl ihn dies von vielen Tier-
gattungen wenig unterscheiden würde, denn wir sind keine Bienen
und Ameisen, und das Dasein für andere verschiebt nur das
Problem und die Frage nach dem Sinn dieses Daseins an sich.
Viel richtiger scheint dagegen zu sein, was die Philosophen des
Mittelalters und der Renaissance über den Menschen gedacht
haben, die ihn durchweg als einen Mikrokosmos betrachten, der
wie ein Auszug aus der Schöpfung alles in sich begreift und widerspiegelt: die Materie und die Mineralien in astrologischer und
sympathetischer Beziehung, die Pflanze und das Tier und die göttliche Vernunft selbst, die ihn zum Bindeglied zwischen Himmel
und Erde macht, durch das die niedere Welt zurück zur Gottheit
strebt, jene göttliche Vernunft, durch die er die Größe der Schöpfung und der Gottheit begreift und die ihn zu einem Priester
im Tempel des Weltalls macht mit der höchsten Pflicht zur
Verehrung der Gottheit und dankbarem Lobgesang. Diese Philosophen haben zweifellos das Wahrscheinlichste getroffen, denn der
letzte Sinn des menschlichen Daseins scheint in der Tat ein metaphysischer zu sein: Das Anschauen der göttlichen Werke und die

---

[1]) Groethuysen: Philos. Anthropologie; Herder: Ideen zur Philosophie
der Geschichte der Menschheit; Hegel: Geschichtsphilos.; Dilthey: Welt-
ansch. und Analyse des Menschen seit Renaiss. u. Ref.; Scheler: Vom Ewigen
im Menschen; Die Idee des Menschen; Dacqué: Philos. Schriften; Spengler:
Untergang des Abendlandes.

Visio beatifica. Nicht umsonst hat die Theologie, Kosmologie und Liturgik den Ehrenplatz in der mittelalterlichen Wissenschaft und Weltanschauung eingenommen, denn was verleiht dem Menschen seine Würde, wenn nicht allein die Tatsache, daß er das Weltall und seinen Urgrund zu denken vermag?[1]) Und was gibt es Wichtigeres für den Menschen, als dies Weltall und seine Wunder zu betrachten und darüber nachzudenken? Jede Weltanschauung und Philosophie muß daher die ganze Welt und ihren schöpferischen Urgrund widerspiegeln, wenn sie ihren Namen verdienen will: den Himmel und alle Gestirne, die Erde und ihre Länder und Meere, die geheimnisvollen Kräfte und Geschöpfe der Natur, alle Pflanzen und Tiere, alle Völker und Kulturen wie ein Speculum mundi, ein Mikrokosmos im Makrokosmos, ein Spiegel des Weltgeistes im Geiste des Menschen und in seiner Seele. Das kosmische Bewußtsein und die Überwindung des Kreatürlichen: dies sind die eigentlich wesentlichen Merkmale des Menschen und die Voraussetzung für alles andere, was ihn von den übrigen Geschöpfen unterscheidet. Das denkende Menschentier legt unter der Einwirkung und Herrschaft des Geistes das Tierische mehr und mehr ab, und selbst wenn es durch die Not gezwungen zuweilen noch tierisch handeln muß, so wird es doch nicht wieder Tier, sondern tut es mit dem Gefühle des Tragischen, des Schmerzes und der Verachtung der Niedrigkeit. Nicht der aufrechte Gang und der Verlust der Behaarung, nicht die Ausbildung der Hand und die Bändigung des Feuers, auch nicht die Schöpfung der Sprache und die höhere Intelligenz im Kampfe ums Dasein also machen den Menschen aus, sondern die Trennung von Subjekt und Objekt, das Heraustreten des Geistes aus dem niederen Seelenleben, das kosmische Bewußtsein und das Fragen nach Wesen und Ursache der Dinge und seiner selbst.

Nichts erscheint im ersten Augenblick rationaler als das Phänomen des menschlichen Bewußtseins und seiner Geschichte, weil es dabei der Verstand offenbar mit sich selbst zu tun hat. Aber bald zeigt sich, daß dies Phänomen, das wir selbst sind und darum von innen her kennen, damit als Phänomen, d.h. als kosmische Tatsache und Erscheinung, nichts weniger als rational ist, und der alte Grieche hatte recht, der unter allem Ungeheuren dieser Welt den Menschen als das Ungeheuerste betrachtete.

Man muß sich den jeweiligen Schöpfungsakt vergegenwärtigen, um das Ungeheure zu fühlen, das sich in allem offenbart und zugleich verheimlicht. Man muß sich diesen Schritt vom Dasein

---

[1]) Vgl. wie Simplizissimus „aus einer Bestia zu einem Christenmenschen wurde".

zum Wachsein leibhaftig vor Augen führen, um ihn schaudernd in seiner grauenhaften Ursprünglichkeit zu begreifen. Das Wachsein ist der letzte und wahrscheinlich schwierigste Akt der Schöpfung. Das Urwesen schafft sich hiermit ein ungeheuer künstliches Organ, sich selbst zu schauen, und dies Wachsein erfordert eine so konzentrierte Anspannung aller Kräfte, daß es nur vorübergehend möglich ist und regelmäßig durch den Schlaf, das Zurücksinken ins Unbewußte, abgelöst werden muß.

Es ist dabei ganz gleichgültig, woraus sich der Mensch entwickelt hat, ob er aus einem Erdenkloß oder aus einem Tier geschaffen ist: Das Wunder bleibt unter allen Umständen das gleiche trotz aller „Übergänge" und tierischen Intelligenzen, nämlich die Tatsache, daß plötzlich der Geist in einem Geschöpf — sei es nun ein Tiermensch oder ein Menschentier — erwacht, d. h. daß der menschliche Geist mit einem Schlage durchbricht, indem er sich von der Triebgebundenheit tierischer Intelligenz freimacht und frei zu denken beginnt um des Erkennens willen, nicht mehr nur um des Nutzens willen. Dies ist die Geburt der Problematik, die alles andere in der Entwicklung der Menschheit und ihrer Kultur bedingt, denn Intelligenz und soziale Gefühle gibt es auch in der Tierwelt, Problematik aber nicht. Ich meine hiermit vor allem das Bewußtsein des Todes und das Fragen nach der Herkunft, dem Wesen und dem Kausalzusammenhang der Dinge, ganz gleichgültig, in welcher noch so primitiven Form der Fragen und Antworten dies alles beginnen mag, in der Fragestellung an sich liegt der Unterschied zum Tier, mit dem wir sonst alles gemein haben; und aus diesem relativ freien Bewußtsein heraus erklären sich erst die ferneren Eigentümlichkeiten des Menschen: der relativ freie Wille, die Sprache, die Vertiefung und Verfeinerung des Seelenlebens, Metaphysik, Religion, Kunst, Wissenschaft und alles höhere Wertleben — mit einem Worte alle Kultur, worunter wir die Lebensformen und die Schöpfungen der Menschheit verstehen. Es ist vor allem das Bewußtsein des Todes, das die eigentliche Größe und Tragik des Menschen ausmacht und seine Beziehungen zu allem, was er liebt, mit einem Schlage zu so unendlicher Tiefe vertieft. Wahrscheinlich ist das Bewußtsein des Tiermenschen überhaupt am Todeserlebnis erwacht, und es ist tiefsymbolisch, daß es das Grab und der Totenkult sind, die uns in die Urzeit leiten und noch z. B. die ganze ägyptische Kultur beschatten, weshalb Spengler wahrscheinlich nicht unrecht hat, wenn er die Geburt aller großen Kulturen von einem gesteigerten Todesbewußtsein ableitet, insofern jedes gesteigerte Wachsein — und das ist die Geschichte der Kultur — ein gesteigertes Todesbewußtsein voraussetzt.

Von diesem Punkte aus zeigt sich aber auch, wie erschreckend tief eigentlich die Masse der Menschen für gewöhnlich noch im Tierischen steckt, denn, wie gesagt, gibt es kein anderes Kriterium für diese Grenze des Menschlichen. Alle anderen Eigenschaften finden sich zum Teil großartiger unter den Tieren auch. Man betrachte Löwen, Tiger, Elefanten, Adler, Störche usw.: Wer ist stolzer, stärker, klüger, sinnesschärfer, sozialer, mütterlicher und treuer als die Tiere?[1]) Nur ist alles triebgebunden wie bei vielen Menschen auch noch, die nur zuweilen und mitunter wach werden, oft erst bei nahegehenden Todesfällen und Katastrophen. Und das ist gut so, denn das fortgesetzt bewußte Verhältnis zum Weltganzen und zum Tode brächte eine so tiefe Allentfremdung mit sich, daß das Verhältnis zum Endlichen gestört würde und jenes Pathos der Distance, jene grandiose Einsamkeit Heraklits, Nietzsches und Hölderlins entstünde, die das Gegenüber engbegrenzter Bewußtseine mit ihren berechtigten und unberechtigten Ansprüchen nicht mehr verträgt und sich zum All und zur unbewußten Kreatur hinwendet, um ihnen zu entgehen.

Was uns von Bruder Tier und Schwester Pflanze scheidet, ist ein neues, geistigeres inneres Auge, das durch das äußere Auge hindurchstrahlt und mit allen Bewegungen der Seele offen zutage tritt. Das sinnliche Auge des Tieres sieht, ohne zu wissen, daß es sieht und was es — an sich, unbezogen auf die Triebe — sieht; das innere, geistige Auge des Menschen weiß, daß es sieht und was es sieht, darum nennen wir es Bewußtsein oder mit Herder Besonnenheit[2]). Dies innere Auge, dieses Vermögen, nicht nur zu sehen und zu reagieren, sondern zu erkennen und zu schauen, ist unendlicher Ausbildung und Vertiefung fähig, und wir ahnen jenseits der irdischen und endlichen Grade und Stufen der Erkenntnis überirdische, übersinnliche und unendliche Grade des Schauens und der Offenbarung, Visionen, Gesichte, Prophetien und Apokalypsen, die zwar hier nur wenigen Begnadeten zuteil werden, aber in der Bestimmung des Menschen liegen und sein jenseitiges Leben und seinen Rückweg zu Gott ausfüllen mögen.

F. J. J. Buytendijk hat sehr eindrucksvoll den Wesensunterschied von Mensch und Tier zu erklären versucht[3]). Dabei zeigt sich, daß in der ganzen Tierwelt die Verbundenheit des Tieres mit seiner Umgebung fast so innig ist wie die Einheit

---

[1]) Siehe Kropotkin: Gegenseitige Hilfe in der Tier- und Menschenwelt.

[2]) Vgl. Herder: Ideen zur Philosophie d. Gesch.; Vom Empfinden und Erkennen der menschl. Seele; Metakritik der reinen Vernunft.

[3]) Buytendijk: Zur Untersuchung d. Wesensunterschieds von Mensch und Tier, Blätter f. deutsche Philosophie 1929, III, 1.

6

des Körpers und getragen wird vom Affekt. Menschwerdung bedeutet dagegen, mit einer wirklichen objektiven Welt in Verbindung treten und sie erkennen können aus der Kraft der
Liebe, durch welche das „Durchlebte in objektive Wirklichkeit
und subjektive Vorstellung sich spaltet". (Tantum cognoscitur,
quantum diligitur[1]), daher „meinen" von minnen.)

Buytendijk beschreibt auch die verschiedenen Ausdrucks-
formen der Intelligenz: den Ausdruck des „Aha"-Erlebnisses,
des „Ich weiß schon", des „Schweigens" und „der Uninteressiert-
heit", das „Nichtmehr-einen-ansehen-können" des allzu großen
Gelehrten, den leeren Blick allergrößter Intelligenz, der nicht
mehr leuchtet, nicht strahlend, nicht suchend ist: Es ist gar kein
Auge mehr da, wie auf manchen Buddhabildern. Darum macht
auch der leere Blick des „Uninteressiertseins" die Eule für immer
zum Symbol der Weisheit.

So tief und sympathisch diese Gedanken sind, ist es doch
fraglich, ob sie allgemein gelten. Die Liebe (amor intellectualis)
ist gewiß besonders mit dem Gefühlston der Bewunderung die
Kraftquelle alles tieferen Erkennens und Schauens, und „zwingt
die Person, das Objekt nicht zu greifen, auch nicht ‚begreifend'
besitzen zu wollen, sondern das Objekt, sich selbst vergessend,
anzuschauen". Aber wir alle wissen zu gut, wie selten diese Gabe
ist und wie schwer wir zu tragen haben an der intellektuellen
Herrschsucht der Neuzeit. Wo bleibt beim interessanten medi-
zinischen Fall und bei der Vivisektion die Liebe zum Objekt? Ist
der bohrende, jagende, suchende und entsagende Blick nicht häufiger? Und ist der wissendste Blick wirklich immer leer, oder enthält
er die Schwermut und die verhaltene Größe eines geistigen Lebens
im Unendlichen, das sich der eigenen Endlichkeit bewußt ist?

Es gibt auch eine herrschsüchtige, haßartige, selbstsüchtige
Erkenntnis, die aus Furcht vor den Dingen, die uns umgeben,
herauswächst, einer Furcht vor dem Makrokosmos, die freilich als
Tremendum ebenso veredelt und über den bloßen Affekt hinaus
durchgeistigt sein kann wie die Liebe und Freude an der Erkenntnis. Ist uns nicht gerade über jener sinnlich verstandesmäßigen
Forschungsweise, die aus urmagischem Triebe, Macht über die
Dinge zu gewinnen, wie mit tausend blitzenden Messern und Ma-
schinen der Natur und der Seele zu Leibe geht, um sie in unzählige
Teile zu zerschneiden und zu zerfasern, über dem großen Schlacht-
felde des Geistes, der Sezierung und Analyse nicht Sinn und Ganz-
heit, Wärme und Ehrfurcht, Liebe und Gemütsverhältnis zu den

---

[1]) Augustin.

Dingen verlorengegangen, die jene innere Erkenntnis des Herzens bedingen, die allein tiefer zu befriedigen vermag?

Es ist hier nicht der Ort, ausführlich auf die Probleme der Erkenntnistheorie einzugehen, zumal alle Erkenntnistheorie als die kostbarste, späteste und ironischste Erscheinung wissenschaftlicher Zeitalter schon viel zu sehr von wissenschaftlicher Denkweise bedingt und beeinflußt ist, um vorurteilslos sehen zu können. Beinah alle Erkenntnistheoretiker gehen aus von ihrem späten Ich, von ihren letzten und abstraktesten Begriffen, statt von der Religionsgeschichte, Sprach- und Geistesgeschichte und von der Völker- und Kinderpsychologie[1]). Darum gibt es auch kaum seltsamere und verhängnisvollere Irrtümer in der Geistesgeschichte als jene sogenannten idealistischen Systeme, die entweder mit ihren aprioristischen Kategorien des Urteilens die Welt auf den Kopf stellen und den Verstand sich um sich selbst drehen lassen oder alle Allgemeinbegriffe einfach panlogistisch transzendieren und für „Wesen" erklären! Aus der Apriorität der Kategorien schließen sie dann die Unerkennbarkeit des Dinges an sich und ergeben sich ferner der Resignation.

Daß alle Erscheinungen durch die Sinne verwandelt werden, ist eine alte Erkenntnis, aber darum lassen sie, wenn auch keine absoluten, so doch relative, bedingte Urteile und Schlüsse auf die Dinge an sich zu. Relative Erkenntnisse sind aber immer noch Erkenntnisse und kein Grund zu völligem Verzicht, auch wenn es sich in letzten Dingen immer um Anthropomorphismen handelt (Weltgeist, Weltseele, Gott, Panvitalismus, Wille und Vorstellung, Panlogismus, Idealismus, Kraft, Energie usf.). Die Einsicht, daß wir nichts Unbedingtes erkennen können, darf aber nicht auf aprioristischen Schleichwegen und Irrgängen gewonnen werden, sondern auf dem normalen Wege der Abstraktion. „So wenig wie eingeborene Ideen gibt es ursprüngliche synthetische Funktionsgesetze (‚Kategorien' im Sinne Kants). — Unser Denken und Erkennen vermag nichts zu ‚schaffen', zu ‚produzieren', zu ‚formen' — es seien denn Fikta und Zeichen[2])." Es liegt gar kein Grund vor zu der absurden Ansicht, daß die Kategorien a priori und subjektiv seien, da wir sie ja im Gegenteil aus der Erfahrung durch Vergleichen und Abstrahieren gewinnen müssen[3]). Sowohl der

---

[1]) Vgl. Graebner: Das Weltbild der Primitiven, München 1924; Wundt: Völkerpsychologie; Elemente der Völkerpsychologie; Preuß: Die geistige Kultur der Kulturvölker; Finck: Haupttypen des Sprachbaues.

[2]) Scheler: Vom Ewigen im Menschen II, S. 163.

[3]) Vgl. Höffding: Der menschliche Gedanke; Der Relationsbegriff; Der Analogiebegriff.

Sensualismus wie der Idealismus scheinen fehlzugehen und das eigentlich Wesentliche zu übersehen: dieser nämlich die Gewalt des Daseins an sich, (die Schelling in seinen „Weltaltern" erst wieder entdecken mußte), und jener unsere einfache, selbstverständlich eingeborene logische Urteilskraft selbst (logisch im Gegensatz zur wertenden Urteilskraft), d. h. jene wunderbare Fähigkeit, Gegenstände und Vorgänge mit dem inneren Auge zu vergleichen, zu urteilen und zu schließen, Merkmale zu bestimmen, Unbekanntes mit Hilfe des Gedächtnisses auf Bekanntes, auf sein „genus" zurückzuführen und sowohl das Gleiche oder Ähnliche zusammenschauend zu abstrahieren, als auch das Besondere und Einmalige herauszuheben aus der Masse der Eindrücke und Eigenschaften und es zu benennen[1]); denn es gibt sowohl eine Erkenntnis des Allgemeinen, wie auch eine Anerkenntnis des Besonderen und Unvergleichbaren, und obwohl dies Anerkennen oft kein anerkanntes Erkennen ist, ist es doch meist schwieriger als die „exakte" Abstraktion.

Das beste Mittel, die Arbeit des Geistes dabei zu belauschen, ist die Etymologie, denn die Sprache ist der Niederschlag der Geistesgeschichte, und mancher alte vergessene Sprachwinkel birgt oft die kostbarsten Schätze. Auch die Grammatik ist als Systematik und Philosophie der Sprache von jeher die fruchtbarste Quelle der Logik gewesen[2]), und es wäre gewiß aufschlußreicher für die Wissenschaft der Logik, sich einmal umzusehen nach der vergleichenden Sprachwissenschaft und die Haupttypen des Sprachbaues[3]) logisch zu untersuchen und auszuwerten, statt immer wieder vom eigenen Ich ausgehend „den" menschlichen Verstand darstellen zu wollen. Die Etymologie allein vermag zu zeigen, wie verschlungen das Gedankengewebe ist, das der Geist durch seine Vergleiche und durch die Kette der Analogien, Deutungen und Andeutungen erzeugt, die zwar oft nur äußerlich sind und statt der wesentlichen Merkmale nur zufällige treffen, aber darum nicht weniger Deutungen sind als spätere und exaktere, denn alles Denken beruht auf dem Vergleich und die verschiedenen Zeitalter unterscheiden sich nur durch die Arten der Analogieschlüsse. Wissenschaftliche Zeitalter sehen auf ausreichende induktive Begründung, versuchen alle freien Analogien und unver-

---

[1]) Siehe Hamanns und Herders „Metakritik" und Sprachphilosophie.

[2]) Siehe Aristoteles, Isidor, Scaliger, Locke, Leibniz, Hamann, Herder, Wundt.

[3]) Vgl. Finck: Die Haupttypen des Sprachbaues; Fick: Vergleichendes Wörterbuch der indogermanischen Sprache; Fuhrmann: Vorgeschichte der Hieroglyphen in Afrika, Darmstadt 1922.

bindlichen Syllogismen auszuscheiden und statt bloßer Analogien Identitäten und Gleichungen zu gewinnen. Was ist die gegenwärtig sich vollziehende Vereinigung von Physik und Chemie z. B. anderes als ein großartiger und vielgliedriger Analogieschluß, nämlich der Versuch, zwei ungeheure Gebiete gleichen Gesetzen, die sich auf analoge Erscheinungen gründen, unterzuordnen? Aber so groß auch die Triumphe des vergleichenden Denkens und das Entzücken des Geistes über die Erkenntnisse der Wissenschaften sein mögen, wir werden über bloße Bedingtheiten nie hinauskommen, denn absolut wäre nur die Identität und völlige Äquivalenz, es gibt aber keine absolute Identität und Äquivalenz[1]), und wenn es sie gäbe, wäre nichts darüber auszusagen ($A = A$), denn alles Aussagen ist eben Bedingen und Beziehen. Daher die Schwierigkeiten jeder letzten Reduktion, sei es auf das „Absolute", die Urmaterie, die Wesenheit oder die causa sui, das ens realissimum, den Urgrund und die göttliche Einheit selbst. Daher aber auch jener mehr oder minder naive Anthropomorphismus aller Weltanschauungen und Weltdeutungsversuche (Mythen), ohne daß sie je das letzte „Warum" und das „Sein an sich" fassen können. Die Wissenschaft versucht zwar durch genaue Analyse und Induktion möglichst exakte Begriffe zu gewinnen, aber auch wissenschaftliche Weltbilder sind letzten Endes Mythen von dem Weltgeheimnis[2]), späte Erscheinungen der Geistesgeschichte und verschwindend gegenüber den unermeßlichen Reichen der Religionsgeschichte. Auch die Wissenschaft kann nur vorletzte, niemals letzte Ergebnisse liefern, d. h. letzten Endes Nebensächlichkeiten, um die es sich von einem höheren Standpunkt aus eigentlich nicht lohnt, so sehr sich auch der geborene Gelehrte darum verzehrt, denn der Sinn der höheren Forschung ist immer ein metaphysischer: Man will hinter die großen Geheimnisse kommen, von außen, mit Sinnen und Verstand, auf anderen als den mythischen, religiösen und metaphysischen Wegen. Aber überall da, wo es sich lohnen würde, zu erkennen, versagt unser Vermögen, denn das Zurückführen von Unbekanntem auf Bekanntes, von Zusammengesetztem auf Einfaches findet meist sehr rasch sein

---

[1]) Selbst die mathematischen Gleichungen sind keine völligen Identitäten, da 2×2 etwas anderes ist als 4. Nur $2 = 2$ ist eine völlige Gleichung und identisch, aber immer noch eine Relation, nämlich des Begriffes 2 zu sich selbst (vgl. Höffding).

[2]) Man kann z. B. ebenso von einem dynamischen, energetischen, mechanischen und elektromagnetischen Mythos sprechen wie von einem dämonistischen, polytheistischen, pantheistischen, alchimistischen, vitalistischen, idealistischen und materialistischen usf. Das Weltgeheimnis bleibt immer das gleiche.

Ende[1]). So kann ich die Gesetze, Erscheinungen und Beziehungen des Lichtes untersuchen, aber die eigentlichen Wesensfragen: was das Licht sei, woher es komme und warum es sich gerade so und nicht anders verhalte, sind unlösbar. In einem Lehrbuch fand ich die schönen Worte: Das Licht ist ein bestimmtes Agens, das ... usw. So geht es einem überall, sobald man weiter fragt: mit Raum und Zeit, Materie und Energie, Leben und Tod, Körper und Seele, Schicksal und Freiheit, Gott und Welt usw. usw. Sicherlich ist unser Verstand gar nicht dazu geschaffen, Wesensfragen zu lösen, und vielleicht ist er nur eine Sackgasse des Weltgeistes auf dem Wege zur Erkenntnis seiner Selbst. Man hat dies Erlebnis des Sichbescheidenmüssens als „großen Humor" bezeichnet (Höffding), es ist aber wohl zu tragisch dazu, und Dürers „Melancholia" wird ihm in der Tiefe weit mehr gerecht.

Das Ergebnis der Philosophie ist dennoch nicht nur die docta ignorantia, sondern etwas weit Positiveres und Fruchtbareres, etwas, was vom reinen Denken und Erkennen unmittelbar hinüberleitet zu einem höheren Grad inneren Sehens, zu jenem Vermögen des inneren Auges, das man Schauen nennen mag und das durchaus begründet ist auf dem Erlebnis des Wunderns und des Staunens. So lange der Verstand noch vergleichen und eins auf das andere zurückführen kann, ist er nicht leicht geneigt, von Wundern zu sprechen, wiewohl er nie mit etwas anderem als Wundern zu tun hat und dies auch nachträglich einsehen muß. Wenn er jedoch plötzlich vor etwas steht, das sich nicht weiter „erklären" läßt durch Bekanntes, faßt ihn jenes „philosophische Grauen", jener kosmische Schreck, bei welchem plötzlich der Boden unter den Füßen zu versinken droht und das Apeiron sich zu öffnen scheint. Wenn man ihn nur einmal so weit hat, so ist schon viel gewonnen. Ein oberflächlicher Geist mag sich mit der Unerklärbarkeit zufrieden geben, aber hier scheiden sich eben die Geister, und der Tiefere wird die Aufregungen solcher Erlebnisse nie überwinden; sie sind sehr viel mehr als bloße intellektuale Erlebnisse und können die ganze Affektskala vom Wundern, Staunen und Bewundern bis zum metaphysischen Entsetzen und religiösen Tremendum durchlaufen. Sie bringen zwar, wie alle Grade des Schauens, keine Erweiterung logischen und sinnlichen Erkennens, aber eine innere Ausweitung des Gemütes, eine Befreiung des Geistes, eine ganz neue Art, die Welt zu sehen, gleich-

---

[1]) Vgl. hierzu Höffding, Boutroux, O. Hamann: An den Grenzen des Wissens, Hamburg 1926; Döblin: Das Ich über der Natur, Berlin 1927; Dacqué: Urwelt, Sage und Menschheit; Natur und Seele; Leben als Symbol; Seleskovič: Das Wunder, Annalen der Philos. VIII, Heft 7/8.

sam ein Erwachen und Aufschlagen eines neuen Auges, das die scheinbaren Selbstverständlichkeiten als keineswegs selbstverständlich entdeckt. Dies ist der Boden aller großen Philosophie, Kunst und Religion, die nie in den vier Wänden des Verstandes steckenbleiben, sondern die Wunder, die uns umgeben, auf ihren ewigen Urgrund beziehen und das Endliche und Einzelne ganz unwahrscheinlich und als Symbol auf dem dunklen Hintergrund des Unendlichen und Unfaßbaren schauen als herrliche oder schreckliche Gebilde der Gottheit. „Solche Anstoßerlebnisse, die das Eis zum Springen, die Schuppen zum Abfallen vom Auge bringen, daß das inwendige Auge plötzlich sich öffnet und das Hellsehen durch alles und über alles hin aufleuchtet, sind sehr mannigfaltig[1]).“ Am großartigsten sind jene ungeheuren Visionen der Offenbarung Krischnas vor Arjuna in der Bhagavadgita und die „Rede des Herrn aus dem Wetter“ im Buche Hiob. Sehr schön und echt ostasiatisch ist auch jene Erweckungsgeschichte des Hakuin durch seinen Meister Shoju: Nachdem dieser ihn mehrmals übel abgefertigt hat mit seiner Weisheit, geschieht nach Jahren das Wunderbare: „Ein gleichgültiges kleines Begegnis — wie bei Böhme das Gleißen der Kanne (‚da brach der Geist durch‘) — gibt den Anstoß, daß plötzlich sich ihm das geistige Auge der Wahrheit erschließt. Grenzenlose Freude überkommt ihn, und halb außer sich kehrt er zu seinem Meister zurück. Bevor er die Schwelle überschreitet, erkennt ihn der Meister, neigt sich ihm und sagt: ‚Welch frohe Botschaft bringst du? Schnell, schnell, komm herein!‘ Hakuin erzählt, was ihm widerfahren. Und zärtlich streichelt ihn der Alte: ‚Nun hast du es, nun hast du es.‘“

> „Da fiel etwas! — Es gibt kein ‚Andres‘ mehr,
> Nichts Irdisches, nicht rechts, nicht links.
> Und Ströme, Berge, weites Erdenrund —
> In allem leuchtet Dharma-rajas Leib[1]).“

Dies innere Schauen ist wohl die eigentliche Bestimmung des Menschen im Kosmos, und alles andere, zumal seine irdischen Gebrechen und Geschäfte, sind wohl nur ein notwendiger Durchgang in dem großen Spiritualisierungsprozeß des Weltalls. Auch das Tier war schon eine Erlösung des Urwesens aus der Einsamkeit, aber völlig gebrochen wurde diese erst, seit das innere Menschenauge sich geöffnet hatte und vernünftige (vernehmende) Wesen voll Schrecken und Entzücken die Herrlichkeit sahen und verehrten, die das unendliche Weltall vor ihnen ausbreitete. Oft

---

[1]) Vgl. Rudolf Otto: Das Gefühl des Überweltlichen, München 1932, S. 248/9; Das ganz Andere, 1929; Das Heilige, 1917 ff.

wunderlich und ungeschickt, aber jedes in seiner Art, begannen sie die Gottheit zu ahnen, ihr zu opfern und sie zu verehren in immer höheren Graden, und dies mag die eigentliche Bestimmung und der letzte Sinn des Menschen sein. Der lyrisch-metaphysische Strom dieses Schauens zieht sich durch alle Jahrhunderte hindurch bis zur Gegenwart. Wir hören seine Grundgewässer rauschen und vermögen die dämmernden Tiefen und wundervollen Gesichte auch später, nachmythischer Propheten mit ihren Abgründen und Sehnsüchten, ihren Träumen, Erleuchtungen und Verzückungen auch noch unter der „Aufklärung" der Neuzeit zu ahnen. Die wärmsten und vollsten Namen in diesem Zug der Seher finden sich oft gerade unter den Naturforschern, die bei aller Exaktheit freilich ganz anders an die Dinge herangegangen sind, als wir es häufig erleben[1]).

Dies emotionale Schauen und Wundern umfaßt alle Grade der Gefühle und Affekte und alle schlummernden Urkräfte des Gemütes von der lyrischen Schwermut bis zum ekstatischen Sichentsetzen, das freilich in verschiedener Stärke allen Graden zugrunde liegt, denn ein Sichherausversetzen aus dem Traum der Selbstverständlichkeit und alltäglichen Gewohnheiten in den Zustand neugeborener Aufnahmekraft, innerlicher Offenheit und Empfänglichkeit ist ebenso notwendige Voraussetzung aller Offenbarung wie die fast magische Fähigkeit, sich in das Geschaute mit ganzer Kraft und ganzem Gemüte hineinzuversetzen. Die intellektuelle Erkenntnis „setzt voraus, daß man um den Gegenstand herumgeht", die metaphysische dagegen „setzt voraus, daß man in ihn eindringt[2])". Dies sympathetische Eindringen ist fast eine Art dramatischer Beschwörung, denn man beschwört apokalyptische Gesichte herauf, in welchen die Gegenstände ihrer Alltäglichkeit entkleidet, wirklich als unheimliche und ganz unwahrscheinliche „Gegenstände", deren Dasein und Wesen als wirkliche Macht und „Wirklichkeit", deren bloßes Sein als unheimliche Tätigkeit in der Dauer und magische Schöpfung empfunden wird, denn die Mächte, die uns umgeben, sind nicht nur Bilder, Fata morgana oder Schleier der Maja, sondern „Wirklichkeit",

---

[1]) Einige Namen mögen die Richtung für die Neuzeit andeuten: Leonardo, Pico, Patritius, Cardano, Campanella, Bruno, Paracelsus, Sebastian Franck, Weigel, Böhme, Kepler, Scheffler, Rembrandt, Vondel, Milton, Fox, Comoenius, Pascal, Swedenborg, Oetinger, Händel, Bach, Berkeley, Klopstock, Hamann, Herder, Goethe, Schelling, Novalis, Hegel, Schleiermacher, Hölderlin, Carus, Baader, Beethoven, Balzac, Goya, C. D. Friedrich, Turner, Schumann, Fechner, Bachofen, Schopenhauer, Ibsen, Tolstoj, Nietzsche, Whitman, Dostojewski, Strindberg, Scheler, Klages, Pirandello, Dacqué, R. Otto.
[2]) Bergson: Einführung in die Metaphysik, Jena 1929, S. 1.

so daß man nicht mehr allein fragt: was ist das Ding? sondern: wie wirkt das Ding hier? Es ist das Urerlebnis aller Magie, Religion und Philosophie, und die beiden Möglichkeiten des Verhaltens zu ihm: die Angst und der entsetzte Versuch, die Macht der Erscheinung zu bannen (Tabu), und das Bestreben, sie sich einzuverleiben durch Dämonie und dämonische Mystik), sind die Wurzel- und Grunderlebnisse alles mikrokosmischen Daseins. Sie sind der älteren Menschheit vertrauter gewesen als den intellektualen Geschlechtern, die den Zusammenhang mit der Natur verloren haben und nur bei Katastrophen oder Todesfällen aus ihrem Selbstverständlichkeitstraum erwachen, als ob die Mächte, die uns umgeben, nicht an sich, sondern erst wenn sie uns einmal würgen, schrecklich wären, als ob nicht die Naturkräfte dämonische Kräfte wären, deren äußerliche Gewohnheiten wir zwar zum Teil besser kennen als der vorwissenschaftliche Mensch, über deren inneres Wesen und magische Eigenschaften wir aber wahrscheinlich weniger oder jedenfalls ebensowenig wissen wie dieser. Erdbeben und Feuer, Bergwerke und nächtliche Urwälder, nächtliche Großstädte, die Tiefsee mit ihrem Getier, versunkene Schiffe[1]) und die Erlebnisse der Vergänglichkeit und Vergangenheit mit ihren Gräbern und Ruinen mögen zuweilen einen Schauer und eine Ahnung von der spukhaften Unwahrscheinlichkeit unserer Wirklichkeit hervorrufen, die sich auf alles, selbst auf uns selbst erstreckt, denn nicht nur das Spiegelbild, sondern jeder Blick auf unseren eigenen Körper und sein unheimliches Leben müßte uns an sich, ohne die Tröstungen der Religion, einen panischen Schrecken einjagen, wie jede Erscheinung, die man unmittelbar auf das Nichts bezieht. Was ist z. B. Materie, Bewegung, Kraft, Fall, Magnetismus, Elektrizität, Wasser, chemische Verbindung, Leben, Pflanze, Tier? Was leuchtet und glüht aus dem Tierauge? Wer bildet meinen Körper, seine Knochen, sein Fleisch, seine Organe? Wieso kann mein Herz „von selbst" gehen? Was ist Fühlen, Empfinden, Denken? Ist ein elektrisches Klavier nicht gespensterhaft, auch wenn ich den Mechanismus und die „Kraftquelle" kenne? Naturmenschen, die zum ersten Male ein Auto fahren sehen, sollen sich darüber totlachen[2]). Aber ist es nicht ebenso lächerlich, wenn sie

---

[1]) Der Apokalyptiker hat die Schrecknisse des Meeres am eindrucksvollsten geschildert, indem er vom Reiche Gottes sagt: Und das Meer ist nicht mehr; vgl. a. R. Engert: Das Meer als Symbol, Berlin 1929.

[2]) Das Lachen kommt freilich mitunter dem Entsetzen ziemlich nahe und ist oft die erlösende Reaktion auf dieses. Beide haben im Extremen Beziehungen zum Wahnsinn. Die Motive des Lachens liegen meist in dem philosophischen Erlebnis, daß etwas, was gewohnt und selbstverständlich ist,

ihren eigenen Wagen schieben, obwohl ihn gar niemand hält außer der sogenannten Schwerkraft? Und wie wunderbar ist der Gedanke des Rades! Und wie rührend, ein Tier vorzuspannen! Woher nimmt das Tier die Kraft zur Bewegung? Wieso kann ich mich selbst bewegen usf.? Das Kind fragt ähnlich, aber zum Glück nur mit Staunen, während uns das alles, fängt man nur einmal an zu fragen, ängstigt, sobald wir es in einem höheren Bewußtsein erleben.

Die Tatsache, daß der menschliche Geist derartige Fragen stellt, ohne sie beantworten zu können, läßt die Frage nach dem Sinn des menschlichen Geistes überhaupt auftauchen, und je nach der Bedeutung, die man dem Bewußtsein und dem Intellekt zuspricht, stehen sich hier der vitale Mensch und der geistige Mensch mit ihren Überzeugungen scharf gegenüber.

Der vitale Mensch oder Naturalist sieht im Intellekt nur das vollkommenste und gefährlichste Werkzeug, das uns die Natur zum Kampf um das Dasein und seinen Genuß gegeben hat[1]). Die Frage, ob Altruismus oder Egoismus, ist dabei zunächst nebensächlich, denn jedenfalls sind sie beide anthropozentrisch, und abgesehen davon, ob es wirklichen Altruismus gibt, ist doch für beide das vitale Glück, das eigene oder das andere, vor allem aber das der Familie, der Sinn des Daseins. Auch was darüber hinausgeht: Religion als Lebenskult oder Lebensversicherung, Sittlichkeit und Tüchtigkeit zum Wohle der Gemeinschaft, Kunst und Kultur als Genußmittel, Jenseitsglaube als willkommene Verlängerung des Daseins im „Paradies" oder in den ewigen Jagdgründen usf. bedeutet im Grunde dasselbe, nämlich Glück und Steigerung der Daseinsfreude und Lust der Kreatur. Es ist durchaus möglich, daß es so ist und daß der Sinn des Daseins in ihm selbst liegt. Dann könnte man jedenfalls nichts Besseres tun als leben, leben in einem ganz dionysischen Sinne, mit dem Bewußtsein der Endlichkeit und ihrem bewußten Genuß, als „prachtvolle Bestie", die die ganze Welt als Beute für sich und die Ihrigen betrachtet. Dann wären in der Tat die großen Raubtiere in der Geschichte die bedeutendsten Erscheinungen und die Verewigung dieses Rausches in der Fortpflanzung die Krönung und Vervielfältigung der

---

plötzlich ungewohnt und nicht mehr selbstverständlich erscheint. Das Motiv, daß etwas anderes erfolgt als erwartet wurde, ist im Grunde dasselbe. Das Lachen ist die Philosophie der Unphilosophischen und wie das Weinen eine rein menschliche Erscheinung (vgl. Shaw: Zurück zu Methusalem, 1, Szene im Paradies), ein heilsames Ventil, das leider oft gerade dort am meisten ventiliert, wo es gar nichts zu ventilieren gibt.

²) Vgl. Spengler: Mensch und Technik.

Daseinslust. Auch der Sinn der Kultur wäre dann ganz eindeutig zu sehen in der Herrschaft über die Natur, in der Steigerung des Lebensgefühles und der Genußmittel, in der Befreiung von niederen Bedürfnissen, Sorgen und Demütigungen zu einem höheren Dasein und der Möglichkeit, sich durch Generationen hindurch „dem Stolze gemäß zu bewegen" und das Leben der großen Welt und einer überlegenen Rasse zu führen wie ein großartiges Spiel, voller Leidenschaften, Stolz und edler Verschwendung, voll der großen Heiterkeit eines freien Lebens, voller Köstlichkeit und Genuß und rauschender Pracht und Fülle. So haben auch die Künstler meist die Welt gesehen, und die vitalsten unter ihnen: die alten Niederländer, Frans Hals, Rubens, Ostade, Shakespeare, Goya, Delacroix, Balzac, Gogol, Moussorgsky, Corinth, Zola und Walt Whitman lieben das Leben in allen seinen Erscheinungen um seiner selbst willen, wo „immer es sich regt", „das Leben, unermeßlich an Leidenschaft, Puls und Kraft, fröhlich, zur freiesten Tätigkeit gestaltet nach göttlichen Gesetzen" (Whitman). Diese vitalen Naturen können metaphysisch natürlich ebenso bedeutend sein wie die „geistigen", sofern sie nur aus kosmischen Gründen heraus sind, was sie sind und schaffen, und ihr Leben symbolisch leben, mit allen Spannungen und Gegensätzen des Kosmos in sich.

Aber es muß nicht so sein. Jedenfalls ist das Ideal des geistigen Menschen ebenfalls möglich, das dem Geist eine ganz andere Bedeutung im Weltall zuweist und uns damit oft in Zwiespalt, Unsicherheit der Instinkte und Verwirrung der Gefühle stürzt, insofern die Konsequenzen seiner theoretischen Weltanschauung zum geraden Gegenteil jener vitalen Anschauung führen. Denn er betrachtet den Geist nicht nur als biologisches Kampforgan, sondern als kosmisches Erkenntnisorgan des Weltgeistes, der in uns durchbricht zum Wachsein und Sichselbstschauen im Weltall. Er betrachtet die Kultur als Ausdruck, Mittel und Geschichte dieser Selbstbefreiung des Geistes[1]) und Überwindung des bloß Vitalen, als Geschichte des Wachseins und seiner Auseinandersetzung mit dem Dasein, womit freilich nicht gesagt ist, daß dieser scheinbar rein theoretische Typ im Grunde nicht auch vitalen Motiven entspringe, insofern die geistige Umfassung der Welt vielleicht die höchste Lebenssteigerung darstellt, die das Dasein mit Hilfe des Wachseins überhaupt zu erreichen vermag, und eine Leidenschaft des Denkens und Erkennens voraussetzt, von der sich die Geistlosen nichts träumen

---

[1]) Dieser Grundgedanke Hegels stammt bekanntlich von Schelling und letzten Endes von J. Böhme.

lassen. Diese leidenschaftliche Tätigkeit in der Auseinandersetzung mit der Welt und im Wirken in und gegen die Materie und die niedere Natur stärkt und stählt den Geist, bis er heranwächst zur Selbständigkeit und Beherrschung des bloß Vitalen. Vielleicht ist die Wandlung des Todes dann nur noch ein Abstreifen der Hülle, die ihre Schuldigkeit getan hat. Diese Selbstbefreiung, Veredelung und Verfeinerung des Geistes, diese Vollendung der Menschlichkeit im höheren Sinne kann zwar die vitale Grundlage nicht entbehren, aber sie bedeutet die Herrschaft über die elementaren Kräfte, die in jenem zähen Ringen, das wir als Überwindung des Dämonischen empfinden, spiritualisiert werden.

Dieser Spiritualisierungsprozeß allein genügt jedoch nicht, denn das Dämonische kann in spiritualisierter Form wieder auftauchen, wenn sich nämlich der Geist selbst genügt und in der Leidenschaft des Erkennens und der geistigen Eroberung der Welt seinen Selbstzweck sucht. Dies entspricht aber nicht dem wirklichen Ideal. Gewiß soll der menschliche Geist die Welt erobern und widerspiegeln, und es ist die erste Voraussetzung aller Philosophie, die Welt wirklich zu kennen und die realen Wissenschaften wenigstens teilweise zu beherrschen, ohne über allen Einzelheiten jemals den universalen Blick zu verlieren; aber dieser Universalismus bedarf sowohl der Gründlichkeit wie der Tiefe. Und das Staunen und der Sinn für das Wunderbare und Geheimnisvolle in allen Erscheinungen dieser Welt ist der rechte Weg, sich dem schöpferischen Urgrund und der Gottheit selbst zu nahen, die wir im innersten Kerne des Daseins fühlen und ahnen und der wir opfern, um sie zu verherrlichen. Dies geistige Opfer in der Visio beatifica ist der Sinn, die Bestimmung und wahre Befreiung des Menschen nach Auffassung des geistigen Menschen, und diese Möglichkeit allein schon denken zu können, macht zugleich das wichtigste und eigentlichste Wesensmerkmal des Menschen gegenüber allen anderen Kreaturen aus. In diesen Dingen ist es nichts mit dem bloßen Nützlichkeitsstandpunkt, sei er nun individualistisch oder sozial. Die größten Werke der Menschheit sind ihre Tempel und Dome: reine Opfer an das Metaphysische! Was haben diese schon für einen vitalen „Nutzen". Aber vielleicht sind sie trotzdem und gerade darum der letzte Sinn unseres Daseins und Wachseins!

DIE ÜBERWINDUNG DES DÄMONISCHEN

Thomas von Aquin hält die Tierseele für sterblich, die Seele des Menschen aber als ganze für unsterblich, obwohl sie in den niederen Regionen der Körperseele der tierischen so nahe steht und wie diese dem Körper eng verbunden ist, ihn belebt und regiert. Daß die geistige Seele nicht allein unsterblich sei, sondern die ganze Menschenseele, begründet er damit, daß der Geist die niederen Seelenkräfte verändere und veredle, und dies ist wohl zweifellos richtig. Das Bewußtsein, die Fähigkeit zur objektiven Betrachtung, gebiert nicht nur das theoretische Denken, es verändert auch die Seele von Grund aus, ja es verändert nicht nur das Gefühls-, Trieb- und Affektleben, sondern es schafft ganz neue Fähigkeiten und seelische Erscheinungen, wie z. B. den bewußten Willen, die Erkenntnisleidenschaft, die bewußte Tat und die entsprechenden neuen Erlebnisse der Freude und des Schmerzes über die Tat, Weinen und Lachen, Irrsinn und Schuld, Pflicht und Verantwortung, Zucht und Ordnung, Gewissen und Sünde, Religion und Metaphysik, Kunst und Wissenschaft, Wille und Werk und all die tausend Erlebnisse, die nur der Mensch hat und haben kann. Diese unendliche Verfeinerung und Vergeistigung der Sinne, der Gefühle und des Denkens selbst sind Wirkungen des Bewußtseins. Recht und Unrecht, Liebe und Vertrauen, Todesfurcht und Sehnsucht sind nur in uns möglich, weil wir wach sind und damit die Fähigkeit haben, die Dinge an sich, unabhängig von den niederen Trieben, zu betrachten, rein sachlich zu beurteilen und zu vergleichen, zu schließen, zu begreifen und zu erkennen, logisch sowohl wie ethisch[1]).

Dies Erkennen und Urteilen ist zwar nicht an die niederen Triebe, aber doch an das Emotionale gebunden, nämlich eben an den Erkenntnistrieb, der eine Art genialer Neugier darstellt, die

---

[1]) Bei der wissenschaftlichen Psychologie sucht man vergeblich nach dem Wesentlichsten: Es fehlt an gründlichen Analysen der Triebe, Gefühle, Affekte, Neigungen, Leidenschaften und ihrer Komplexe und Komplikationen. Was ist Haß, Liebe, Vertrauen, Mißtrauen, Verzweiflung, Mut, Furcht, Feigheit, List, Neid, Hochmut, Demut, Reue, Buße, Dämonie, Geduld, Tapferkeit, Weinen, Lachen, Trauer, Zorn, Gier, Rache, Sehnsucht usw.? Bis jetzt antworten darauf nur die Dichter und diese nur beschreibend. Nur Nietzsche, Scheler und Klages haben tiefere Analysen versucht.

zur Leidenschaft werden kann, an das intellektuale Interesse, das das eigentlich Menschliche am Menschen ist und jenes Kindesalter so liebenswürdig macht, wo der Mensch im Menschen erwacht und Fragen über Fragen stellt.

Nun gibt es wie gesagt viele Grade des Bewußtseins und Wachseins, vielleicht sogar Steigerungen über den Tod hinaus. Der höchste Grad des beständigen Weltbewußtseins, des Bewußtseins des absoluten Weltgeheimnisses, das sich in allem und überall offenbart, ist begleitet von allen Affekten des Staunens und Entsetzens, die die eigene Vitalität zu erschrecken und zu vernichten drohen[1]), (wie ja schon das normale Bewußtsein die Emotionen dämpft und den Ansturm der Affekte zum Stocken bringt). Die unmittelbare Begleiterscheinung des Wach- und Bewußtwerdens und der ursprüngliche Affekt des Mikrokosmos ist jene kosmische Angst[2]), aus der alle Versuche, die Mächte zu bannen, sei es durch Magie oder Gebet oder durch Wissen und Erkennen, hervorgehen. Diese Angst führt entweder zu dem energischen Entschluß, das Dämonische als das unbewußte Übermächtige geistig zu überwinden, oder sie führt zu jener eigenartigen geistigen Dämonie, die die Mächte nicht mehr nur durch Magie, Opfer, Kult, Gebet, Hingabe und Verehrung bannen, sondern geistig davon Besitz ergreifen möchte, sei es durch Zauber, Erkenntnis, Wissen oder durch jene merkwürdige Macht der Sympathie, jene faustische Leidenschaft der intellektuellen und technischen Herrschsucht, die das All und nötigenfalls selbst das Böse in sich reißen möchte, um sich selbst zum Unendlichen auszuweiten und freventlich selbst das zu sein, was der Mensch nur fürchten sollte. Darum sind geistige Ausschweifungen zwar oft leichter, feiner und universaler, aber auch gefährlicher, verderblicher und schrankenloser als sinnliche.

Man sollte daher im Begriff des Dämonischen vor allem zwischen sinnlicher und geistiger Dämonie unterscheiden: Die sinnliche oder eigentlich wirkliche Dämonie ist die unheimliche Übermacht des Daseinsdranges selbst, auf niedriger Stufe kreatürlichen Daseins also die Übermacht der Lebensgier, Herrschgier und Blutgier, Freßgier, Geschlechtsgier usw.; geistige Dämonie ist sowohl die Übermacht der intellektuellen Triebe der Neugier und rationalen Herrschsucht als auch die eigentümliche Schwäche jener Menschen, die selbst vielleicht in ihrem eigenen höheren

---

[1]) Daher die etwas einseitige These von Klages: Der Geist als Widersacher der Seele.

[2]) Vgl. Liebert: Das Unbekannte und die Angst, Leipzig 1928; Rudolf Otto: Das Heilige u. a. Schriften.

Wesen „rein" sind, aber eine Anlage und Empfänglichkeit für das Unheimliche der sie umgebenden Welt besitzen, die sie fürchten und heimlich doch bejahen, weil die Erlebnisse des Ungeheuren ihnen zur Leidenschaft und unentbehrlichen Lebensnotwendigkeit geworden sind, obwohl sie ewig darunter zu leiden haben und in ihrer Reinheit und Geistigkeit in fortgesetzter Spannung dazu stehen und stehen müssen, da das Dämonische die eigentliche Grundlage allen Daseins, ja das elementare Dasein selbst ist, der Wille, der sich in der Welt der Vorstellung nur widerspiegelt, um sich selbst zu überwinden.

Nur so erklärt es sich, daß der Ausdruck des Dämonischen, der gefürchteten und gleichwohl heimlich bejahten und einverleibten Dunkel- und Wildheit außer und in uns, der Kunst oft am besten gelungen ist, so in vielen Stücken ostasiatischer Plastik und Malerei, besonders Tieren, Drachen, wiehernden Pferden, Weltenwächtern und vielen Holzschnitten, in indischen Felsentempeln und Skulpturen[1]), in der massigen Breite und Raumbehauptung vieler Bauwerke, vor allem vieler Wehr- und Eroberungsbauten, in romanischen Skulpturen und gotischen Wasserspeiern, in Mythen und Götterdämmerungen, Hiob, Gita, Draupadisage, Durga, bei Dante, Bosch, Grünewald, Breughel, Hans Baldung, Hamlet, Macbeth, Lear, Faust, Don Juan, Ruisdael, Milton, in vielen Balladen, bei Goya, Beethoven, Hoffmann, Poe, Balzac, Delacroix, Doré (Bilder zu Dante), Dostojewski, Zola, Nietzsche und vielfach in der romantischen und naturalistischen Musik und Dichtung.

„Was wir nicht sind, können wir auch nicht erkennen"[2]), aber auch nicht beschwören, bannen, lieben, einverleiben, verstehen und ausdrücken. Also haben wir auch das Dämonische in uns. Ja es bildet den tiefsten Grund unseres Daseins, das dem tierischen Dasein so nahe verwandt und entsprungen ist, das Unbewußte, über dem das Bewußtsein nur vorübergehend aufgeht. Und so geht uns denn bei der Frage nach dem Wesen des Menschen das Tier und seine Symbolik[3]) vor allen anderen an, das uns in allem und jedem anhängt wie eine eiserne Kette, am furchtbarsten in der Trennung der Geschlechter, die man sehr tief als eine Folge des Ursündenfalles betrachtet hat (z. B. Johan-

---

[1]) Siehe „Orbis pictus", „Der indische Kulturkreis" u. a.

[2]) Herder, Metakritik.

[3]) Vgl. Weininger: Über die letzten Dinge; Jarmer: Das Seelenleben der Fische; Dacqué u. a. (R. Oldenbourg, München.)

nes Scotus)[1]). Das Tier ist nicht nur bewegliche Pflanze, sondern
— vor allem das fleischfressende — durch und durch dämonisch,
trotz aller Abstufungen bis zum pflanzenähnlichen Wesen. Seine
freie Beweglichkeit, sein fressendes Umherschweifen, sein Blut,
sein Auge, sein Brüllen hat etwas Urdämonisches. Doch stehen
die Tiere, die sich von Pflanzen nähren, den Pflanzen auch seelisch
näher als das Tier, das andere frißt und darum verbrecherische
Anlagen besitzt und den Fluch kreatürlichen Lebens versinnbildlicht, das sich von Leben nährt. Die Kuh ist das Sinnbild der
Mütterlichkeit und des Gebens, und der Kult der Kuh in Indien
ist voll echtem Sinngehalt („Das liebe Vieh"), doch darum nicht
weniger dämonisch, denn es gibt auch eine Dämonie des Gebäreri-
schen und der Fruchtbarkeit. Soweit der Mensch selbst Pflanze
und Tier ist, reichen seine Wurzeln auch seelisch in diese Welten
zurück, und er versucht sie auszudrücken in Religion[2]) und Kunst,
Mythos, Dichtung und Märchen, in denen überall die Pflanze und
vor allem das Tier symbolisch erscheint: oberflächlich im Reineke
Fuchs, in Schimpfwort und Karikatur, tief und rührend in Märchen
und Mythen und todernst in Totemismus, Mythos und Religion[3]).
Das Pferd als Symbol des Irrsinns (vgl. Weininger, Hans Baldungs
Pferde im Walde und einzelne Schöpfungen ostasiatischer Plastik),
die Tiefseefauna, Wolf, Hyäne, Aasgeier und Reptilien mit stechen-
dem Blick als Symbole des Verbrechens, Drachen, Saurier und
Tiger als religiöse Symbole des Bösen, das Ei als Symbol alles
Lebens[4]), die Schlange als tausendfaches Symbol[5]) des Bösen, der
listigen Schlauheit, des Meeres (Midgardschlange), des Kreislaufs
alles Daseins (sich in den Schwanz beißend), der bannenden
Magie und des „Wissens" sind nicht nur vage Bilder, sondern
Tiefblicke in die Tier- und Menschenseele. Hier liegen auch die
unendlich schwierigen Probleme des Tierkultes, der Heiligung
von Tieren und der Beziehungen dieser heiligen Tiere zu den
Göttern, denen sie geheiligt sind, die Probleme des Totemismus

---

[1]) Diese Kluft zwischen den Geschlechtern wird nur noch größer durch
die bewußte Vermännlichung und Verweiblichung. Das Ideal ist aber weder
der hundertprozentige Mann noch das hundertprozentige Weibchen (siehe
Weininger: Geschlecht und Charakter), sondern der Mensch, und es ist
eine unserer schönsten Jenseitshoffnungen, daß die Kluft zwischen den Geschlechtern ein Ende haben und der vollkommene Mensch sich befreien
werde.

[2]) Vgl. Mannhardt: Wald und Feldkulte; Dieterich: Mutter Erde.

[3]) Hopfner, Tierkult der alten Ägypter 1914; Fuhrmann: Das Tier in
der Religion.

[4]) Vgl. Bachofen: Das Ei als Symbol.

[5]) Küster: Die Schlange in der griechischen Kunst und Religion.

und des **Blutopfers** („Blut ist ein ganz besonderer Saft"). „Das
hebräische Gesetz unterscheidet reine und unreine Tiere, welcher
Unterschied, auch nur physisch zu nennen, richtig ist, indem wir
nicht nur übertätige, sondern das Blutleben des Menschen direkt
vergiftende und tötende Tiere kennen, von welchen es merkwürdig
ist, daß gerade die sogenannten kaltblütigen, seelenlosen Tiere die
blut- und seelenraubenden sind, wie jene affektlosen Intelligenzen
das kalte, seelezerstörende Gift in sich bergen[1])." Vielleicht ist
das Blutopfer nicht nur Speiseopfer für die Götter und Mittel, auf
die dämonische Gottheit zu wirken, sondern viel tiefer ein Mittel,
den Menschen aus seinem „Versunken- und Gebundensein in und
an sein Erdblut — von seinen eigenen Blutbanden[1])" durch Tier-
blut zu befreien!

Dies führt uns zur Entscheidung selbst, zum Menschen als
Sinnbild und Organ der Befreiung, Erlösung und Überwindung
des **Dämonischen**, zu jenem entscheidenden Schritt der Schöpfung, in dem (wie ehemals das Licht) blitzartig das innere Licht
der Erkenntnis im Menschen die ganze Dämonie und Unerlöstheit
der Natur beleuchtet, indem der Mensch mit Schrecken erkennt,
daß er „Fleisch" ist, in dem sich der Geist scheidet vom Tier und
den Willen zur Überwindung, Erlösung und Befreiung gebiert.
Edgar Dacqué hat diese Überwindung eindringlich dargelegt und
sieht in ihr die eigentliche **Bestimmung des Menschen, der
als Urbild und Idee der gesamten Entwicklung der
organischen Welt innewohnend und Richtung gebend
zugrunde gelegen habe**, so daß alle Arten als Abspaltungen
des Tierisch-Dämonischen erscheinen[2]) und der Urgrund das Tier
geboren zu haben scheint, um es aus sich herauszustellen, auszuscheiden und in sich loszuwerden. Darum kommt der Mensch
erst ganz zuletzt in die Welt, und vielleicht ist der gegenwärtige
irdische Mensch auch nur ein Durchgang und sein Tod eine Auf-
erstehung zu einem reineren höheren Leben, denn der **Sinn
des Menschen kann nur sein, immer mehr Mensch zu
werden**.

Die Geschichte erhält von hier aus erst ihren wahren Sinn,
der nicht in tierischen Kämpfen liegt, sondern gerade im diszi-
plinierten Kampfe des einzelnen wie der gesellschaftlichen und

---

[1]) **Baader**: Theorie des Opfers oder des Kultes; vgl. auch F. Nitzsch:
Die Idee und die Stufen des Opferkultus, Kiel 1889; **Berndt Goetz**: Die
Bedeutung des Opfers bei den Völkern, Leipzig 1933. Ein **großes Werk** über
das Opfer gibt es merkwürdigerweise noch nicht.

[2]) **Dacqué**: Urwelt, Sage und Menschheit; Natur und Seele; Leben als
Symbol; Natur und Erlösung. (R. Oldenbourg, München.)

22

staatlichen Ordnung gegen das Tier, in der Überwindung des Tierischen, in der Verfeinerung, Veredelung, Vergeistigung, in der Selbstbeherrschung und Beherrschung der Natur, in der Achtung und Selbstachtung des Menschen und in seinem Verhältnis zum Metaphysischen. Hiermit übernimmt die Geschichte der geistigen Kultur: Religions-, Kunst- und Geistesgeschichte, Rechtsgeschichte und die Geschichte der Ethik, Sitte und sittlichen Ordnung die Führung, denn die materielle Kulturgeschichte ist im Grunde auch Geistesgeschichte und erhält erst ihre Bedeutung als Mittel gerade für die Befreiung des Geistes vom Materiellen! Und ebenso kann der Staat nur eine notwendige Voraussetzung der Kultur sein und nicht Selbstzweck wie die Despotie.

Der Weg dieser Befreiung kann über Reinheit, Demut und Aszese zur Heiligkeit führen, aber auch über den Stolz, den Widerstand, die Empörung und Verachtung alles Niedrigen und Tierischen zur geistigen Freiheit und Souveränität, zu jener freimütigen Vornehmheit, die das Gemeine und Gewöhnliche verachtet, weil es gewöhnlich ist, und nicht weil Pflicht, Gesetz, Lohn oder Strafe es gebieten. Heiligkeit und Vornehmheit sind also nur zwei verschiedene Wege zu ein und demselben Ziele höheren Menschentums und finden ihre historische Verwirklichung meist im Adel und im Priestertum.

Dieser Weg der Überwindung des Dämonischen und des Tieres im Menschen ist ein Leidensweg mit unzähligen Versuchungen und Rückfällen, Erleuchtungen und Erlebnissen der Reue und Buße und dennoch tausendfachen Sündenfalles, dessen bedeutsamste Epoche wir innerhalb unseres weiteren Kulturkreises im alttestamentlichen Prophetentum und in der antiken Philosophie vor uns sehen[1]). Denn wenn wir absehen von der Frage des Urmonotheismus, finden wir die Menschheit unseres Kulturkreises bis auf die Propheten und die griechischen Philosophen in Totemismus, Naturalismus und Vergöttlichung des Dämonischen befangen. Es ist ein furchtbarer Gedanke, daß der Mensch bis vor kurzem und zum Teil noch heute das Dämonische, oft direkt das Tier religiös verehrt, so tief und richtig auch der Glaube sein mag, daß das Tier sein Ahne sei und daß im Dämonischen die urwüchsigsten und elementarsten Kräfte liegen, die nicht abgetötet, sondern nur gebändigt werden dürfen. Mag auch in anderen

---

[1]) Dem entspricht in China Laotse und Kungtse um 500, in Indien Yadjnavalkja, Buddha, Upanishaden und Gita um 500, in Persien Zoroaster um 500. Die Parallelen sind zum Teil frappant und legen den Gedanken nahe, daß diese Zeit eine kosmische Wandlung bedeutet, die einen neuen Typus des Menschen geboren hat.

Kulturkreisen und Religionen die Befreiung vom Dämonischen in vielerlei Gestalt und früher erfolgt sein als in dem unsern, so ist doch dieser Entmagisierungsprozeß, dieser Übergang zum Rationalen, Apollinischen und zum Theismus in unserem Kulturkreis das einzigartige und überwältigende Ergebnis der Innenschau dieses Sehertums und seines Kampfes gegen den Rückfall in die Dämonie. Dieser Kampf kann nicht ergreifender versinnbildlicht werden als durch die mythische Gestalt des Kentauren, wie sie Rodin begriffen hat: Der Mensch, der sich aus dem Tier herauszuwinden versucht! Das Dämonische ist vielleicht notwendig, jedenfalls nicht zu beseitigen, und die fortwährende Spannung zu ihm ist heilsam und eigentümlich menschlich, aber das innere Auge des wahrhaft wie aus einem bösen Traum erwachten Menschen sieht schaudernd hinab in die Abgründe und den Hexenkessel tierischer Dämonie in und außer uns und wird dennoch den Pferdefuß nie ganz los. Tief symbolisch hat Satan, der Herr der Ratten, Fliegen, Mäuse Schwanz und Pferdefuß oder wie der Faun Bocksfüße und -ohren. Kröten, Fliegen, Gewürm, Ungeziefer, Schlangen, Echsen, überhaupt Reptilien und Tiefsee haben eine ebenso tiefe unsittliche Beziehung zur Hölle und Hexenküche wie manche Hunde zum Höllenhund (Cerberus). Die Symbole und Götterbilder der ägyptischen Religion veranschaulichen den Übergang vom Tier zum Menschen noch eindrucksvoller als die schon weniger ernst genommenen mythischen Mischgestalten der antiken und germanischen Mythologie und der Märchen. Die Versuchung der Heiligen hat man sich immer wieder tief bedeutsam durch tierische Ungeheuer gedacht (siehe Bosch, Grünewald, Dürer, Welti)[1]), und in Götterdämmerungen, Apokalypsen und Weltuntergangsmythen sind immer die fressenden, zerstörenden und dämonischen Gewalten: Titanen, Riesen, verzehrendes Feuer und tierische Ungeheuer am Werke, als ob die niedergehaltene Hydra ihr Haupt wieder erhebe und die chaotischen Mächte wieder hervorbrächen, die Asgard und die Weltenesche bedrohen[2]). Die religiöse Verehrung des Tieres mag sich ursprünglich zum Teil aus seiner ungeheueren Übermacht über den kulturarmen Menschen erklären, dennoch bleibt sie furchtbar, und es gibt nichts Wichtigeres als ihre Überwindung und den Übergang vom

---

[1]) Umgekehrt schildern unzählige Legenden in rührender Weise, wie die Heiligen Tiere zähmen, ihnen befehlen und mit ihnen leben wie im Zustande des Paradieses; vgl. Frenken: Wunder und Taten der Heiligen, 1925.

[2]) Vgl. u. a. Ziegler-Oppenheim: Weltuntergang in Sage und Wissenschaft.

Dämonismus, Totemismus und Polytheismus zum Monotheismus, vom magischen Mysterium zum symbolischen Sakrament, vom Blutopfer, Kultus und ritueller Reinheit zur Reinheit des Herzens und zur inneren Verehrung und Heiligung.

Die Schwierigkeiten jedes Gottesbegriffs liegen eben in seinem Verhältnis zum Dämonischen. Entweder man läßt dem Dämonischen offen oder verborgen seine Souveränität und widerspricht damit dem Monotheismus und der Allmacht Gottes, oder man bezieht es ein und begründet es in Gott und widerspricht damit der Idee der Allgüte und Selbstverantwortung. Dennoch soll man sich beide Ideen nicht rauben lassen und lieber auf logische Lösbarkeit verzichten wie Hiob, Luther und Böhme. In der „Heimlichkeit" des Deus absconditus bei Luther)[1], in dem „Grimme Gottes" bei Böhme und im „Tremendum" und „Numinosen" Rudolf Ottos liegt das Weltgeheimnis selbst begründet, auf das wir alle Dinge innig beziehen, obwohl es sich jedem Begreifen und Verstehen entzieht.

Dies innige allseitige Beziehen auf Gott als den Urgrund und die unendliche Bewertung der Einzelseele erzeugen jene einzigartige Innigkeit der Welt- und Naturbetrachtung (Franziskus), jene psychologische Verfeinerung und persönliche, intime Wärme (Augustin), jene dreifache Liebe und Freude an den Dingen, Menschen und Gott (Comoenius), jenes Schauen aller Dinge in Gott als dem Urgrund (Eckhardt), die allein zu beglücken vermögen. Das Dämonische kann nicht aufgehoben werden, aber es verliert seine Schrecken, weil es seiner metaphysischen Selbständigkeit enthoben wird. Die alten Götzen stürzen, und auch das Dunkel findet seinen Grund in dem einen Urgrund des Urwesens. Die Sehnsucht nach Erlösung verbindet sich dem Mitleid mit der unerlösten Kreatur, auch mit den Tieren („Lieber Mitast am Baume des Lebens" (Oetinger)). Die Erde wird zu einer „Pflanzschule des Himmels"[2] und Geburt und Tod, Beleibung und Entleibung werden zu Durchgängen zu den Gefilden der Seligen, wo kein Fleisch mehr sein wird und keine Begierde, sondern der reine Mensch und eitel Licht und Lobgesang, wie sie Fra Angelico am reinsten gesehen und Hölderlin sehnsuchtsvoll besungen hat:

---

[1] Vgl. Luther: De servo arbitrio, übers. von Justus Jonas; Schaller: „Die Reformation", München 1934.

[2] Swedenborg: Himmel, Hölle und Geisterwelt; Gott, der Schöpfer; Die Erdkörper im Weltall; Der Verkehr zwischen Körper und Seele; Die Wonnen der ehelichen Liebe u. a.

„Ihr wandelt droben im Licht,
Auf weichem Boden, selige Genien!
Glänzende Götterlüfte
Rühren euch leicht,
Wie die Finger der Künstlerin
Heilige Saiten . . . .[1]“

„Vollendung! Vollendung! —
O du der Geister heiliges Ziel!
Wann werd ich siegestrunken
Dich umfahen und ewig ruhn?

Und frei und groß
Entgegen lächeln der Heerschar,
Die zahllos aus den Welten
In den Schoß dir strömt! — —[2]“

---

[1] Hölderlin: Hyperions Schicksalslied.
[2] Hölderlin: An die Vollendung.

DIE LEIDENSCHAFT DES UNGENÜGENS

So steht der Mensch zwischen Tier und Engel, gebunden
an das Dämonische und doch voller Sehnsucht, aus ihm erlöst zu
werden. Und diese große Sehnsucht ist das eigentlich Menschliche
an ihm, denn es genügt bei ihm als dem einzigen Wesen zur Bestimmung seines Wesens nicht, was er war und was er ist, sondern
es entscheidet, was er sein will und sein wird. Selbst wenn seine
Hoffnung auf ein höheres Dasein in einem Jenseits nur Illusion
sein sollte, so ist schon diese Hoffnung das Schönste, was man von
ihm sagen kann, denn eine gewollte Verklärung ist auch schon eine
Verklärung, und ein hoher Gottesbegriff adelt den Gläubigen, auch
wenn er nur ein Begriff sein sollte.

Hier liegt nun die letzte große Frage: Stehen wir mit
unserem leidenschaftlichen Ungenügen allein im Weltall auf ver-
lorenem Posten, nur umgeben von einer dämonischen „Matrix",
oder sind unsere Sehnsüchte und Hoffnungen wirkliche Ahnungen
einer höheren Welt des Geistes? Sind wir nur schauende Organe
des Unbewußten, die mit Entsetzen und tiefster Verachtung gegen
die Brutalität einer dämonischen Natur resigniert auf den Tod
als das Wiederuntertauchen in diese unbewußte Dämonie warten,
oder ist eben dieser Tod die Eingangspforte zu einem höheren
Dasein? Steigen diese Heere von Geschöpfen nur aus dem Schoße
ihres unbewußten Urgrundes herauf, um wieder darin zu versinken? Sind diese Geister nur Irrlichter über dem unendlich Unbewußten oder sind sie Ausstrahlungen einer jenseitigen Welt
des Geistes? Ist die ewige Wesenheit selbst nur unbewußt, oder
birgt sie in sich einen persönlichen Kern, eine Mitte und Heimat
des Geistes? Warum gab man uns die Fähigkeit, nachzudenken
und zu fragen, ohne das Vermögen, zu erkennen und zu antworten?
Warum läßt man uns in Zweifel und Ungewißheit über den ver-
borgenen Sinn unseres Daseins, seinen Aufgang und seinen Untergang? Das Tier ist und lebt, es frißt, begattet und bewegt sich
nach seinen Trieben und ist satt in seinem Dasein. Aber der
Mensch? Was wird aus ihm, der außer den vitalen Trieben den
Trieb nach Wahrheit besitzt und es nie verwinden wird, daß er
nicht unendlich und vollkommen ist? Der sich nicht zufrieden

gibt mit dem bloßen Dasein, sondern einen Sinn, Klarheit und Freiheit sucht und will, der sich bei vollendetem Wachsein nach dem Wesen der Dinge und nach Wahrheit und Gewißheit verzehrt, und wäre sie noch so furchtbar? Der das Geheimnis und den Zweifel verfluchen möchte und die Weisheit des Sichbescheidenkönnens weil Sichbescheidenmüssens, der den Vorhang herunterreißen möchte, der uns das Wesen der Dinge, den Sinn des Daseins und das Jenseits verbirgt, um den Dingen einmal auf den Grund zu schauen, wie man Wasser und Diamanten, Glas, Kristall und den Äther durchschaut?

Die Völker retten sich vor der Qual des Unfaßbaren, Unbegreiflichen, Unsichtbaren zum Bild, Sinnbild, Fetischismus und zur Vermenschlichung. Wer ehrlich ist, ergibt sich aber eher der Pein ewiger Ungewißheit, Sehnsucht, Schwermut und Ruhelosigkeit als Illusionen und Vermutungen, denn das Wissen und Bejahen des Nichtwissens ist immer noch mehr als das Nichtwissen vom Nichtwissen oder die Anmaßung des Wissens im Angesicht des Unwißbaren und Ungeheuren. Weil wir nicht sind, was wir erkennen möchten, können wir es nicht erkennen, bevor wir nicht — vielleicht im Tode — das Wunder erfahren haben, es sein zu dürfen. Um das Urwesen zu erkennen, muß man es werden, und da es ewig und unendlich ist, bleibt uns wohl nur ein ewiges Werden.

Darum weigern wir uns, Mensch zu sein oder gar zu bleiben, und sollten wir den Fluch ewiger Ruhelosigkeit auf uns laden; darum ist uns das Niedrige so verhaßt, das sich herausnimmt, Du zu sein, ohne aus sich selbst heraus zu wollen, sondern einen zwingen möchte, seinesgleichen zu sein. Man mag zuweilen Pflanzen und Tiere beneiden um ihr unbewußtes Dasein, aber es ist doch etwas anderes, wissend und unglücklich als unwissend und glücklich zu sein. Ihr Glück ist zugleich ihre Verdammnis, ihr sehnsuchtsloses Selbstgenügen ist ihre Hoffnungslosigkeit, die uns nur mit unendlicher Trauer erfüllen kann. Der Mensch protestiert gegen die Kreatürlichkeit, er weigert sich zu sein, was er ist, und nimmt die Bestimmung zur Kreatur nicht an, und diese Empörung ist der Sinn seiner Geschichte und Kultur. Er verachtet das tierische Dasein und die Erniedrigungen des Körperlichen, die alle anderen Erniedrigungen nach sich ziehen, und versucht, sich aus dieser Erniedrigung herauszuwinden. Wenn alle Kreaturen wüßten, was sie wären, sie würden sich in ihrem Jammer erheben und nach Erlösung schreien. Ist es nicht furchtbar, täglich die niedrigsten Bedürfnisse verrichten und unser Leben in steter Sorge um ihre Befriedigung verbringen zu müssen? Ist es nicht unerträglich, das Göttliche und die Freiheit in sich zu tragen und dennoch als tierische Kreatur vegetieren zu müssen, mit der ungewissen Gewißheit des Todes vor Augen? Kreatur sein heißt niedrig sein, jedenfalls aber anders und außerhalb Gottes sein. Dies ist der eigentliche Sündenfall, und ihn bejahen heißt ihn verewigen. Und dies ist der eigentliche Frevel und nicht die Empörung; denn diese Empörung ist keine Verneinung des Schicksals, sondern der Wille und das Bewußtsein, ein höheres Schicksal zu bedeuten und erfüllen zu müssen.

Hochmut ist noch immer der Wille nach oben und die Voraussetzung jedes edleren Strebens, dem alles nur menschlich-irdische Streben und Genügen mehr oder weniger mikroskopisch erscheinen muß im Angesicht des Unendlichen, ja schon im Anblick der Gewalt eines Gebirges oder des Meeres. Die Empörung aber und die Leidenschaft des großen Ungenügens sind der Anfang der Rückkehr Gottes aus seiner Kreatur zu sich selbst, denn Religion ist nicht der Verzicht, sondern der Anspruch auf Größe, im Vergleich zu der es nichts Größeres geben kann, da sie das unendlich Große, den Urgrund, das Weltall und seine jenseitigen Möglichkeiten umfassen möchte und in seiner Bewunderung stetig über sich selbst hinausstrebt. Dies kosmische Streben führt jedoch immer erst durch das tiefe und enge Tor des Schmerzes über die eigene Enge und Kreatürlichkeit, das die einzige und innerlichste Pforte zum Erhabenen bildet, nicht als Sühne irgendwelcher Sünden, sondern als Sühne der Sünde des Abfalls und des Ferneseins von Gott als Kreatur, des Verstoßenseins aus ihm in die Welt, aus der Einheit in die Vielheit und Vereinzelung. Denn das „Leiden ist allgemein, nicht nur in Ansehung des Menschen, auch in Ansehung des Schöpfers, der Weg zur Herrlichkeit. Er führt die menschliche Natur keinen anderen Weg, als durch den auch die seinige hindurchgehen muß. Die Teilnehmung an allem Blinden, Dunkeln, Leidenden seiner Natur ist notwendig, um ihn ins höchste Bewußtsein zu erhöhen. Ein jedes Wesen muß seine eigene Tiefe kennenlernen; dies ist ohne Leiden unmöglich. Aller Schmerz kommt nur von dem Sein, und weil alles Lebendige sich erst in das Sein einschließen muß und aus der Dunkelheit desselben durchbrechen zur Verklärung, so muß auch das an sich göttliche Wesen in seiner Offenbarung erst Natur annehmen und insofern leiden, ehe es den Triumph seiner Befreiung feiert[1].“

---

[1] Schelling: Die Weltalter, hrsg. von Kuhlenbeck, S. 212. Vgl. auch Dekker: Die Rückwendung zum Mythos, R. Oldenbourg 1930.

Religion ist das Streben nach der Tiefe der unendlichen Wesenheit und Verklärung. Das Wesen der Dinge aber erfaßt man nur von innen her. Es hat keinen Sinn, sich den Himmel zu wünschen ohne zugleich die stetige Kraft, ihn als solchen auch innerlich erleben zu können, zumal er wohl weniger in äußeren Umständen als in inneren Zuständen der Verklärung besteht, denn Himmel und Hölle sind keine Örtlichkeiten, sondern seelische Zustände, und verklärt sein heißt ein selbstvergessenes Spiegelbild des Ewigen sein und das Erhabene nicht mehr nur von außen suchen, sondern von innen her sein und immer mehr werden.

Hier nur, in der inneren Anteilnahme liegen auch die Möglichkeiten eines jeden tieferen Verhältnisses zur Welt von innen her: das That tuam asi gegenüber dem unendlich Rührenden aller Kreatur, das Staunen ohne den Stachel des Erkennenwollens, die innige Anerkennung des Geheimnisses selbst, das sich den aufdringlichen Händen des gemeinen Verstandes entzieht, die Liebe zum menschlichen Du, zu Eigentum und Heimat, zu Pflanze und Tier, zu Wald und See und Himmel und Erde, die kosmische Sympathie für die unendliche Süßigkeit der Landschaft und der Ferne, das Wesen in der Wesenheit und Alleinheit, die große Sehnsucht endlich als jene tiefste Ahnung der ewigen Weite und Tiefe der Welt, jene Sehnsucht, die Hymnos, Mythos, Lyrik und Musik gestaltet und die allein zu lösen vermag von der Leidenschaft ewigen Ungenügens.

Der Asiate hofft am Ende in der Weltseele, im Atman, Brahman, Tao oder Nirwana aufzugehen. Der Europäer kann nicht glauben, daß die Seele und der Geist geschaffen seien, um wieder irgendwo aufzugehen, sondern er vertraut darauf, daß sein Geist und inneres Auge im Überbewußtsein immer höhere Offenbarungen des Unendlichen schauen werde, das, eben weil es unendlich ist, dem Schauen keine Grenzen setzt, denn es ist kein Zweifel, daß die ewige Schöpferkraft in anderen Regionen des Universums anders und nicht weniger wunderbar wirksam ist, daß andere Sterne z. B. in anderen Entwicklungsstadien entsprechend den Erdzeitaltern stehen, falls nicht jedes Gestirn überhaupt ganz andere Zeitalter erfährt und ganz andere Landschaften, Pflanzen, Tiere und Menschen hervorbringt. Es ist ein phantastisch schöner Gedanke, diese Welten vielleicht im Jenseits schauen zu dürfen, „das große Geheimnis“, die ewige Schöpferkraft in allen ihren Werken bewundern zu können, unendlich und in ewiger Entwicklung, ein kosmisch-gigantisches Schauspiel ohne Ende und ohne Grenzen, immer Neues gebärend. Dies wäre auch eine

Form jenseitigen Lebens und Schauens, das eine jenseitige Welt himmlischer Chöre und höllischer Abgründe nicht ausschließen, sondern vielmehr voraussetzen würde, und das sich durch transcendente Möglichkeiten des Hellsehens in Raum und Zeit ins Grenzenlose und Ungeheure steigern würde[1]). Denn Gott hat wohl die Kreatur geschaffen, um ihr im Menschen die Gnade zuteil werden zu lassen, ihn zu erkennen und in der Herrlichkeit seiner Schöpfung zu verehren, zu bewundern, zu verherrlichen und zu preisen in immer höheren Chören, wie sie Dante geahnt und wie sie Bach zuweilen in überirdischer Reinheit gehört haben mag, denn er läßt alle Seligkeit und Innigkeit himmlisch verklärter Räume ahnen, und seine Todessehnsucht ist das Heimweh eines Erzengels, der des Irdischen müde ist. Vielleicht ist es das größte Glück der Menschen, dieser Ahnungen und Hingabe überhaupt fähig zu sein und durch Hymnus, Lobgesang und Verherrlichung der Gottheit selbstvergessen opfern zu können. Dies ist zugleich die einzige Möglichkeit echter Erlösung, denn eine andere Erlösung gibt es nicht, auch wenn sie Erlösung zu sein vorgibt, wie es bei so vielen Rechtfertigungs-, Heils- und Erlösungslehren der Fall ist, bei denen der Mensch immer etwas für sich will, statt sich im Gegenteil zu opfern und damit von sich selbst zu befreien.

Unser Geist seufzt nach Verklärung, Durchsichtigkeit und glasklarer Reinheit, nach der „Klarheit des Herrn" und Betrachtung der Schöpfung und ihres unendlichen Lichterglanzes frei und außerhalb aller irdischen Schwere, aber unser Geist ist an den Körper und seine Bedingungen gebunden, und unser Verstand steht ohnmächtig vor den undurchdringlichen Geheimnissen, die uns umgeben und ihm eine so tiefe Qual bereiten. Mögen auch die metaphysischen Affekte mit zunehmendem Alter abnehmen, es bleibt doch die Schwermut der Resignation und die Leidenschaft des Ungenügens, die Tragik des Kreatürlichen und der Tiergebundenheit, die Pein der Ungewißheit über das eigene Schicksal, das Warten auf das große Rätsel des Todes und die Gefahr des

---

[1]) Vgl. Swedenborg; Jung-Stilling; Justinus Kerner; Theodor Fechner; Oliver Lodge; Schrenck-Notzing; Richet u. a. Hellsehen in Raum und Zeit und andere okkulte Erscheinungen sind an sich nicht wunderbarer als die normalen Fähigkeiten des Menschen, sie werden daher mit Recht als parapsychologisch der Psychologie einverleibt. Sie bedeuten nur eine formale Steigerung des inneren Auges und haben an sich nichts zu tun mit den tieferen Graden wertgefüllten Schauens, das wir meinen in Kunst und Metaphysik, Mystik und religiöser Prophetie.

Überfragens des „Unüberfragbaren"[1]), die ein Verhängnis bleiben und eine Gefahr, denn

> „. . . uns ist gegeben
> Auf keiner Stätte zu ruhen,
> Es schwinden, es fallen
> Die leidenden Menschen
> Blindlings von einer
> Stunde zur andern,
> Wie Wasser von Klippe
> Zu Klippe geworfen,
> Jahrlang ins Ungewisse hinab[2])."

---

[1]) Siehe „Das Unüberfragbare", Gespräch Yajnavalkyas mit Gargi, Brihadaranyaka-Upanishad 3, 6.

[2]) Hölderlin: Schicksalslied; vgl. a. Brahms: Vier ernste Gesänge („Denn wer will ihn dahin bringen, daß er sehe, was nach ihm geschehen wird") und C. D. Friedrich: Die Lebensalter, wo das Geheimnisvolle der Ferne und des Wohin am tiefsten empfunden ist, die „ewige Weite" Valentin Weigels.